高等职业教育安全类专业系列教材

安全人机工程

主　编　孙　辉　李子彬

副主编　李增杰　郭超艳　郎流胜

参　编　张丽珍　师　思　史绪寅

主　审　武万军（学校）　何朝远（企业）

西南交通大学出版社
·成都·

内容提要

本书以安全科学、系统科学和人体科学为核心，系统阐述了安全人机工程中人、机、环境三者之间的相互关系。全书共 3 部分，分别为理论知识篇、应用案例篇、技能实验篇，主要内容包括：认识安全人机工程、人的基本特性、人的作业特性、作业环境、作业空间、人机系统信息界面等内容，27 个技能实验和 5 个应用案例等。

本书可作为高等职业技术院校、高等专科院校安全类专业和其他相关专业的通用教材，也可作为政府安全监督管理人员、企业安全生产管理人员的培训教材。

图书在版编目（CIP）数据

安全人机工程 / 孙辉，李子彬主编. -- 成都：西南交通大学出版社，2024.8. --（高等职业教育安全类专业系列教材）. -- ISBN 978-7-5643-9986-3

Ⅰ．X912.9

中国国家版本馆 CIP 数据核字第 20249VH607 号

高等职业教育安全类专业系列教材
Anquan Renji Gongcheng
安全人机工程

主　编／孙　辉　李子彬

策划编辑／吴　迪　黄庆斌　韩　林　郑丽娟　周　杨
责任编辑／穆　丰
助理编辑／卢韵玥
封面设计／吴　兵

西南交通大学出版社出版发行
（四川省成都市金牛区二环路北一段 111 号西南交通大学创新大厦 21 楼　610031）
营销部电话：028-87600564　　028-87600533
网址：http://www.xnjdcbs.com
印刷：成都市新都华兴印务有限公司

成品尺寸　185 mm×260 mm
印张　13.25　　字数　294 千
版次　2024 年 8 月第 1 版　　印次　2024 年 8 月第 1 次
书号　ISBN 978-7-5643-9986-3
定价　39.80 元

课件咨询电话：028-81435775
图书如有印装质量问题　本社负责退换
版权所有　盗版必究　举报电话：028-87600562

前言 PREFACE

"安全人机工程"是安全类专业重要的专业基础课程。安全人机工程是从安全的角度出发，运用人机工程学的原理和方法研究"人-机-环境"系统，并使三者在安全的基础上达到最佳匹配，以确保系统高效、经济运作的一门综合性科学技术。本书根据《高等职业学校安全技术与管理专业教学标准》，融入安全员、应急救援员等职业要求，从系统性、实践性和实用性出发，将内容分为理论知识、技能实验、应用案例3部分，实现学生知识、技能和应用培养的有机结合。

本书的主要特点：

（1）以立德树人为根本，弘扬"安全第一、人民至上、生命至上"的安全发展理念，强调安全意识的培养和人机系统中的人性化设计，体现现代工程教育中的人文关怀精神。

（2）内容编排由浅入深，符合学生认知规律，整体编写明确简练、逻辑性强，便于学生理解和掌握。

（3）采用新型立体化的教材建设方式，配套建设了微课视频、电子课件、动画、拓展视频等丰富的数字化教材资源，为教与学提供全面支持和增值服务。

（4）采用项目-任务式设计，通过任务驱动提高学生学习积极性，培养学生解决安全人机工程实际问题的能力。

（5）突出安全人机工程的实践性、应用性，设置了技能实验篇、应用案例篇，实现"学、做、用"一体，凸显职业教育特点。

本书由重庆安全技术职业学院孙辉、李子彬担任主编，重庆安全技术职业学院李增杰、郎流胜和广西安全工程职业技术学院郭超艳担任副主编，重庆安全技术职业学院张丽珍、师思和重庆平湖金龙精密铜管有限公司史绪寅参与编写。具体编写分工如下：理论知识篇项目一和项目二由孙辉编写；理论知识篇项目三和项目四由李增杰编写；理论知识篇项目五和项目六由李子彬编写；

技能实验篇实验一～实验十五由孙辉、李子彬编写；技能实验篇实验十六～实验二十七由郎流胜、张丽珍、师思、史绪寅编写；应用案例篇由郭超艳编写；全书由孙辉统稿；重庆安全技术职业学院武万军教授和重庆市应急管理专家何朝远高级工程师担任主审。

  本书在编写过程中，参考了许多专家、学者的书籍和资料，汲取了部分读者的意见和建议，在此一并表示衷心感谢！

  由于本书涉及知识面广泛，加之编者水平有限，书中难免存在疏漏不妥之处，敬请广大读者批评指正。

编 者

2024 年 7 月

数字资源目录
DIGITAL RESOURCES CONTENTS

序号	名　　称	页码	序号	名　　称	页码
1	安全人机工程概述	002	16	色彩环境	062
2	安全人机工程的研究对象、内容、方法、意义与发展趋势	006	17	照明环境	066
3	人体形态测量	010	18	噪声环境	069
4	人体测量数据的应用	022	19	有毒环境	072
5	人的感知特性	026	20	作业空间基础知识	077
6	人的视觉特性	029	21	坐姿作业空间设计	083
7	人的心理过程特征	033	22	立姿、坐立姿作业空间设计	084
8	人的个性心理特征	034	23	人机界面机具系统、显示装置类型	087
9	人的心理特征与安全生产的关系	037	24	模拟式仪表显示器的设计	092
10	作业过程中人的能量代谢	042	25	数字式仪表显示器的设计	097
11	劳动强度及其分级	045	26	仪表布置	100
12	作业疲劳及其分类	049	27	控制器设计基础	104
13	常见疲劳引发的事故	051	28	手动操纵装置设计（一）	108
14	疲劳的改善与消除方法	053	29	手动操纵装置设计（二）	110
15	温度环境	057	30	脚动操纵装置设计	113

目录 CONTENTS

理论知识篇

项目一 认识安全人机工程 ·· 002
  任务一 安全人机工程概述 ·· 002
  任务二 安全人机工程的研究对象、内容、方法、意义与发展趋势 ····· 006

项目二 人机系统中人的基本特性 ·· 010
  任务一 人体形态测量 ·· 010
  任务二 人的生理特征 ·· 026
  任务三 人的心理特征 ·· 033

项目三 人的作业特性 ·· 042
  任务一 作业过程中人的能量代谢 ·· 042
  任务二 劳动强度及其分级 ·· 045
  任务三 作业疲劳及其分类 ·· 049
  任务四 疲劳的改善与消除 ·· 051

项目四 作业环境 ·· 057
  任务一 温度环境 ·· 057
  任务二 色彩环境 ·· 062
  任务三 照明环境 ·· 066
  任务四 噪声环境 ·· 069
  任务五 有毒环境 ·· 072

项目五 作业空间 ·· 077
  任务一 作业空间基础知识 ·· 077
  任务二 作业空间设计 ·· 080

项目六 人机系统信息界面 ·· 087
  任务一 人机界面及其机具系统 ·· 087
  任务二 显示器设计 ·· 089
  任务三 控制器设计 ·· 104

技能实验篇

实验一	人体测量实验	120
实验二	时间知觉测试实验	122
实验三	速度知觉测试实验	126
实验四	空间知觉测试实验	128
实验五	暗适应测试实验	130
实验六	握力实验	132
实验七	台阶实验	134
实验八	声光反应测试实验	136
实验九	反应时和运动时测试实验	138
实验十	简单反应和综合反应测试实验	141
实验十一	闭眼单腿站立实验	143
实验十二	条件反射实验	145
实验十三	注意分配测试实验	147
实验十四	注意集中测试实验	149
实验十五	人体肺活量测量实验	152
实验十六	WBGT 热指数检测实验	154
实验十七	大气参数检测实验	156
实验十八	照明检测实验	158
实验十九	噪声检测实验	161
实验二十	空气质量检测实验	164
实验二十一	环境振动检测实验	166
实验二十二	闪光融合频率测试实验	167
实验二十三	听觉测试实验	169
实验二十四	双手调节实验	172
实验二十五	动作稳定实验	174
实验二十六	双臂协调实验	177
实验二十七	动觉方位辨别实验	180

应用案例篇

案例一	安全人机工程在控制室设计中的应用	184
案例二	安全人机工程在办公室设计中的应用	188
案例三	安全人机工程在手持工具设计中的应用	190
案例四	安全人机工程在检验工作岗位设计中的应用	194
案例五	安全人机工程在道路交通运输中的应用	199

参考文献 ………………………………………………………………… 203

理论知识篇

项目一 认识安全人机工程

在日常生活中,你自己可否抱怨过"这东西使用起来不舒服""××东西再高点(低点)就好了""如果没有这个设计缺陷,这种事故应该是可以避免的"……这些都是日常生活中的安全人机工程问题。

安全人机工程学立足于安全,主要阐述人与机保持什么样的关系,才能保证人的安全,它是人机工程学的一个应用学科,也是安全工程学的一个重要分支学科。项目一主要介绍安全人机工程概述、安全人机工程的研究内容和意义等基础知识。

知识目标

1. 了解人机工程学的定义及发展历程。
2. 理解安全人机工程学的定义。
3. 掌握安全人机工程的研究对象、研究内容、研究方法、研究意义。
4. 了解安全人机工程的发展趋势。

能力目标

1. 能够运用安全人机工程的基础知识分析日常生活中简单的安全人机工程问题。
2. 能够初步辨识各类人机系统中的人、机、人机结合面。

素质目标

1. 培养学生具有良好的安全意识,牢固树立"以人为本"的安全理念。
2. 提高学生科学素养,促进学生进行科学探究,培养学生的创新精神。

任务一 安全人机工程概述

安全人机工程概述

人类为了安全生产、生活、生存,应把人与"机"结合起来考虑,要求在"机"的设计、制造、安装、运行、管理等环节均应充分考虑人的生理、心理、生物力学特性,把"人-机"作为一个整体、一个系统加以考虑,不仅要求"机"高效率地工作,还应随着物质生活、精神生活水平的提高,更加要求"机"始终使人处在安全、卫生、舒适的状态。因此,如何保证系统中人的安全也就成了人机工程学非常重要的研究和应用领域之一,这就促使安全人机工程学的诞生,并使其成为人机工程学的一个重要分支。

一、人机工程学

（一）人机工程学的定义

人机工程学是 20 世纪中期发展起来的交叉学科，它运用人体测量学、生理学、卫生学、医学、心理学、系统科学、社会学、管理学、技术科学等学科的理论和知识，主要研究人、机和人机结合面之间的关系，其意义在于通过恰当的设计，使人机系统获得高工效和安全性。目前，这门学科在国内外尚无公认的定义，国际工效学学会（International Ergonomics Association，简称 IEA）最初对人机工程学所下的定义是：研究人在工作环境中的生理学、解剖学、心理学等方面的特点、功能，以进行最适合于人类的机械装置的设计、制造，工作场所布置合理化，工作环境条件最佳化的实践科学。2000 年 8 月，IEA 理事会又将人机工程学的定义修改为：研究系统中人和系统其他元素之间的相互作用的一门科学，其目的是使人在系统中工作、生活的舒适性与系统总的绩效达到最优。

国内学者一般认为，人机工程学是运用人的生理学、心理学和其他有关学科知识，使机器和人相互适应，创造舒适和安全的工作与环境条件，从而提高工效的一门科学。

（二）人机工程学的起源与发展

英国是世界上开展人机工程学研究最早的国家，但本学科的奠基性工作是在美国完成的。所以，人机工程学有"起源于欧洲，形成于美国"之说。

人机工程学学科在美国称作"Human Engineering"（人类工程学）或"Human Factors Engineering"（人的因素工程学），而西欧国家多称为"Ergonomics"（人机工程学）。"Ergonomics"一词是英国学者莫瑞尔于 1949 年首次提出的，它由两个希腊词根"Ergo"和"nomics"组成，前者的意思是"出力、工作"，后者的意思是"正常化、规律"。因此"Ergonomics"的含义也就是"人出力正常化"或"人的规律工作"。由于该词能反映该学科的本质，较多国家采用这一词作为该学科的名称。而我国广泛接受并应用的是"工效学"和"人机工程学"，本教材采用人机工程学这一名称。人机工程学的形成与发展大致可分为三个阶段。

1. 经验期

人机工程学的第一个发展阶段是经验期。自人类存在以来，就开始存在着一种人机关系。在古代虽然没有系统的人机学研究方法，但人类所创造的各种器具，从形状的发展变化来看，是符合人机工程学原理的。古埃及的石碑雕刻里就有一些器皿（如图 1-1-1 所示），从它们的造型可以很清楚地看出古埃及人在日常生活、工作中已经开始考虑人机关系了。

在我国的古典家具中，如太师椅、官帽椅、茶几等，可以很明显地看到人机理念的影子（如图 1-1-2 所示）。又如我国指南车（如图 1-1-3 所示），它的传动机构运用了力学知识和反馈原理，与现代人机工程学的原理相吻合。我们把这种实际存在的人机关系及其发展称为经验人机工程学。

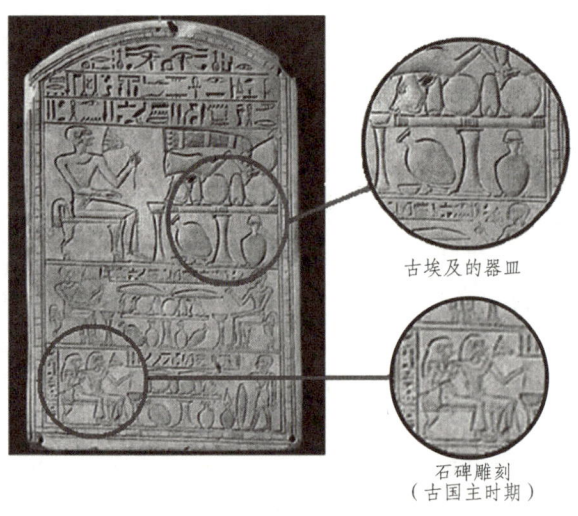

图 1-1-1　古埃及石刻　　　　图 1-1-2　紫檀雕四出头官帽椅

图 1-1-3　我国古代的指南车

在人机工程学经验期有三个著名的试验。

第一个试验：肌肉疲劳试验。1884 年，德国学者莫索对人体劳动疲劳进行了试验研究。对作业的人体通以微电流，随着人体疲劳程度的变化，电流也随之变化，用不同的电信号来反映人的疲劳程度。这一试验研究为以后的"劳动科学"打下了基础。

第二个试验：铁锹作业试验。1898 年，美国学者泰勒从人机学角度出发，对铁锹的使用效率进行了研究。他用形状相同而铲量分别为 5 kg、10 kg、17 kg 和 30 kg 四种铁锹去铲同一堆煤，虽然 17 kg 和 30 kg 的铁锹每次铲量大，但实验结果表明，铲煤量为 10 kg 的铁锹作业效率最高。他做了许多实验，终于找出了铁锹的最佳设计和搬运煤屑、铁屑、砂子和铁矿石等松散粒状材料时每一铲最适当的质量。

第三个试验：砌砖作业试验。1911 年吉尔布雷斯对美国建筑工人砌砖作业进行了试验研究。他用高速摄影机把工人的砌砖动作拍摄下来，然后对动作进行分析，让工人去掉多余无效动作，最终提高了工作效率，使工人砌砖速度由当时的 120 块/h 提高到 350 块/h。

2. 创建期

人机工程学的第二个发展阶段是创建期。20世纪两次世界大战使得武器、设备大量生产，如何使武器、兵器、军事工具和设备达到最大效应，使这些产品能够最大可能地适应人的使用要求，变成非常迫切的问题。因此军事工业得到了国家的全力资助，研究也就得到迅速发展。

3. 成熟期

人机工程学的第三个发展阶段是成熟期。第二次世界大战结束以后，欧美各国进入了大规模的经济发展时期。在这一时期，由于科学技术的进步，人机工程学获得了更多的发展机会。例如，为了核电厂的安全，各国从核电厂的设计、管理上，提出了一系列的人机工程技术研究课题，来减少发生事故时造成的伤害和损失。在宇航技术的研究中，提出了人在失重情况下如何操作、在超重情况下的感觉如何等新问题。所有这一切，不仅给人机工程学提供了新的理论和新的实验场所，同时也给该学科的研究提出了新的要求和新的课题，从而促使人机工程学进入了系统的研究阶段，使学科走向成熟。

二、安全人机工程学

（一）安全人机工程学的定义

安全人机工程是从安全的角度和着眼点研究人与机关系的一门学科，其立足点放在安全上面，以活动过程中人的实际保护为目的，主要阐述人与机保持什么样的关系，才能保证人的安全。也就是说，在保持一定的生产效率的同时，如何最大限度地保障人的安全健康与舒适愉快。这主要从人的生理、心理、生物力学需要等诸因素考虑，着重研究人在从事生产或其他活动过程中，在实现一定活动效率的同时最大限度地免受外界因素的不利影响，为确定避免不利因素与消除危害的标准与方法提供科学依据，从而达到保障人安全的目的，确保人类能在安全健康、舒适愉快的条件与环境中从事各项活动。

人类社会进步的重要标志，就是创造一个适合人类生存与发展的舒适的劳动条件和生活、生存环境，即让人类劳动、生活、生存在一个安全和谐的社会之中，所以从安全的角度为着眼点，即以人的活动效率为条件和以人的身心安全为目标，将安全人机工程学从人机工程学中分解出来，并作为安全工程学的一个重要分支学科而自成体系，这是现代科学技术发展的必然趋势，是文明生产、生活、生存的象征。

因此，安全人机工程可以定义为：安全人机工程是从安全的角度和着眼点出发，运用人机工程学的原理和方法去解决人机结合面的安全问题的一门新兴学科。它作为人机工程学的一个应用学科的分支，以安全为目标、以工效为条件，将与以安全为前提、以工效为目标的人机工程学并驾齐驱，并成为安全工程学的一个重要分支学科。

（二）安全人机工程学的内涵

安全人机工程学是人机工程学的一个分支，人机工程学主要研究人在作业中与有关机器所处环境的相互配合。安全人机工程学除了研究人机工程学的内容外，还研究劳动者工作的安全条件、安全状态和安全行为等因素。现代化生产中的机器向着高速化、精密化、复杂化方向发展，对操纵机器的人的判断力、注意力和熟练程度提出了更高的要求，而人类的生理、心理、生物力学等特性却没有多大变化，相反，可能会随着文明进步而出现退化现象，这必然导致人与机器之间的不协调、不平衡。因此，所设计的机器必须符合操作者的身心特征、生物力学特征，把人机作为一个整体、作为一个系统加以考虑，使"机"与人始终处于安全、合适、高效率的状态。

安全人机工程学以系统论、控制论和信息论为理论基础，从人的生理、心理、生物力学等方面研究机器、设备在发挥高效率作用的同时，如何使其与人达到和谐匹配，确保人的安全和健康。随着科学技术的飞速发展，工业生产设备的自动化、复杂化程度越来越高，作业过程中的危险、有害因素也越来越多，对本质安全化的追求促进了安全人机工程学的发展。

任务二　安全人机工程的研究对象、内容、方法、意义与发展趋势

安全人机工程的研究对象、内容、方法、意义与发展趋势

安全人机工程通过建立合理的人机系统，可以为劳动者创造安全、舒适的劳动环境和工作条件，能够实现人机系统"安全、高效、经济"的综合效能。

一、研究对象

在任何一个人类活动的场所，总是包括人和机（此处的机是广义的，即物）两大部分。这两种性质截然不同的要素——人与机，彼此之间存在着物质、能量和信息的不停交换（即输入、输出）和生理上的本质差异。而人机结合面起着人机之间沟通的作用，各自发挥功能，提高系统的效率，保证系统的安全。因此，人机系统是一个有机的整体，如图1-1-4所示，这个整体包括人、机和人机结合面。

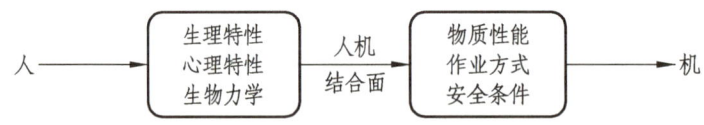

图1-1-4　人机关系示意图

这里所谓的人，是指活动的人体，即安全主体，人应该始终是有意识有目的地操纵（机器、物质）和控制环境的，同时又接受其反作用。不管机械化和自动化的成就有多大，不管人使用的能源是多么新颖和充裕，也不管使用什么信息传递系统，不管过去、现在、还是将来，人始终是人与复杂的外界之间相互作用链条上起决定作用的

一环，人也应该是他所创造的并为他自己所服务的任何系统的安全主导。

这里所谓的机，是广义的，它包括劳动工具、机器（设备）、劳动手段和环境条件、原材料、工艺流程等所有与人相关的物质元素。

所谓人机结合面，就是人和机在信息交换和功能上接触或相互影响的领域（或称为界面），此处所说的人机结合面、信息交换、功能接触或相互影响，不仅包括点、线、面的直接接触，甚至还包括远距离的信息传递与控制的作用空间，人机结合面是人机系统中的中心环节。

二、研究内容

安全人机工程研究的内容应在人-机-环系统的整体高度上，以安全为着眼点进行研究。安全人机工程的研究主要包括4个方面。

1. 人的安全特性研究

人的安全特性研究主要包括人体生理、心理、人体测量及生物力学、人的可靠性。

2. 机的安全特性研究

机的安全特性研究主要包括显示器和控制器等物的设计。

3. 环境的特性研究

环境的特性研究主要包括采光、照明、尘毒、噪声等对人身心产生影响的因素。

4. 人机系统的安全特性的研究

人机系统的安全特性的研究主要包括人机系统的整体设计、岗位设计、显示器设计、控制器的设计、环境设计、作业方法及人机系统的组织管理等。

三、研究方法

1. 实测法

实测法是借助器具、设备进行实际测量的方法。如对人体生理特征方面（人体尺度与体型、人体活动范围、作业空间等）的测量；也可进行人体知觉反应、疲劳程度、出力大小等的测量。

2. 实验法

在一定的实验条件和设备上进行实验，以获得比较真实的、全面的实验数据。如可以通过实验获得人对数字的记忆参数。

3. 分析法

在实测法和实验法的基础上对某些参数进行分析，或者对某些动作进行分解分析，纠正不良动作，从而提高工作效率。

4. 观察分析法

观察分析法是通过观察、记录被观察者的行为表现、活动规律等，然后进行分析的方法。观察可以采用多种形式，它取决于调查的内容和目的，如可用公开或秘密的方式（但不应干扰被调查人的行为），也可借助摄影或录像等手段。

5. 系统分析评价法

对人机系统的分析评价应包括作业者的能力、生理素质及心理状态，机械设备的结构、性能以及作业环境等诸方面因素。

四、研究意义

人的活动效率和人的安全是同一事物运动变化过程中两个不同侧面的要求，人们共同的心愿是既要求活动时有必要的收获，而且力求耗费最小的能量，获得最大的成果，同时又要求在安全、舒适、健康、愉悦的环境下进行生产劳动或其他活动。在任何一个人类活动的场所，总是包含着人、机及围绕人和机器的关系及其环境条件，是一个综合体。安全人机工程的主要研究意义即是对该综合体确定合理的方案，以在人、机之间更合理地分配功能，使人和机有机结合，有效发挥人的作用，最大限度地为人提供安全舒适的环境，达到保障人健康、舒适、愉快地活动的目的，同时提高活动效率。

五、发展趋势

1. 研究领域不断扩大

随着科学技术的快速发展，社会的进步，经济的繁荣，人们对自身的安全健康要求日益强烈，促使安全人机工程学的研究对象领域不能局限于人机结合面的匹配问题，而要求研究广泛的应用领域，如人与生产工艺、人与操作技能、人与工程施工、人与生活服务、人与组织管理、人（享受者）与游艺设备、人（乘客）与运输设备（如汽车、火车、飞机、轮船、载人飞船）等要素的相互协调适应问题，这些研究以各自有关要素构成的系统为基础，在系统中从人的角度出发，以解决人机系统的安全问题为着眼点，优化人与各相关要素的关系，使机适应于人，从而使系统达到安全目标和保障功效的目的。由于人的生活领域、生产领域、生存领域涉及方方面面，非常广泛，因此可以说，安全人机工程学具有广阔的应用前景。

2. 研究范围日益广泛

安全人机工程学涉及社会的各行各业，几乎渗透到每个人的每时每刻和各个方面，人的工作、学习、运动（含使用健身器）、休闲、旅游、娱乐及衣食住行等涉及的各种器具、设施都可能存在安全问题，都要求这些设施、器具科学化、宜人化，随着人类生活水平的不断提高，安全人机工程学的应用领域将会不断扩大和发展。

3. 安全人机工程在高科技领域的作用将更为突出

随着微电子技术、纳米技术、机器人技术及计算机技术快速发展，遥感、遥控、遥测等技术自动化程度的不断提高，将使人在工作中由操作者变为监控者或监督者，即由体力劳动变为脑体结合或脑力劳动者，今后将有越来越多的智能化机器人代替人的一部分功能，那时人类社会生活将发生根本的变化。然而高科技的发展也会像机械化一样，在给人们带来"福"的同时也带来了"祸"，需要由安全人机工程为高科技的发展"保驾护航"。回顾人类社会的科技发展史，可以看出，当一个新的科技产品被开发利用给人们带来利益的同时，随之带来一些危害，要求人们去解决。这要求产品从内容上是高科技及职能型的，但在操作上是简单化即"傻瓜式"的。当这些危害因素被减少或消除之后，就促使这一新科技的快速发展，相应的推动了社会的进步。当今高科技与人类社会往往产生不相协调的问题，可以应用安全人机工程的理论和技术，在高科技产品投入市场前将其负面效应即不安全因素予以解决。安全人机工程在参与解决这些新问题中将发挥更加突出的作用，同时也促进自身的发展。

习 题

1. 国内学者对人机工程学的定义是什么？
2. 人机工程学的形成与发展大致可分为哪几个阶段？
3. 人机工程学发展的经验期有哪三个著名的试验？
4. 安全人机工程学的定义是什么？
5. 安全人机工程的主要研究对象是什么？
6. 安全人机工程的主要研究内容有哪些？
7. 安全人机工程的主要研究方法有哪些？
8. 安全人机工程的主要研究意义是什么？
9. 结合生活与实践，试分析安全人机工程的发展趋势？

安全人机工程

项目二　人机系统中人的基本特性

在人-机-环境系统中，包含着人、机、环境三大要素，它们相互依存、相互制约、互相补偿。在这三大要素中人是工作的主体，是主要方面，起着主导作用。因此，在设计任何人-机-环境系统时都需要对人的特性进行充分考虑，确保机的设计和环境的设计符合人的需要。人是一个有意识活动的极其复杂、开放的巨大系统，随时随地要与外界进行物质交换、能量交换和信息交换，因此研究与掌握人的基本特性是非常必要的。项目二将从人体形态测量、人的生理特征、人的心理特性等方面进行系统分析。

知识目标

1. 了解人体形态测量的基本知识和一些常见的人体生理学参数。
2. 了解人体神经系统，掌握感觉、知觉系统及特征。
3. 掌握人的各种心理活动与安全的关系。

能力目标

1. 能够运用人体测量数据进行一般的安全工程设计。
2. 具备根据人的反应时间特点，处理紧急安全事故的能力。
3. 具有根据人的生理、心理特征进行安全管理的能力。

素质目标

1. 培养学生具有良好的生理意识，学习、工作中尊重生命，热爱生命。
2. 引导学生正确地认识自己，增强自我调节、承受挫折、适应环境的能力。

任务一　人体形态测量

人体形态测量

人体测量是一门新兴的学科，它是通过测量人体各部位尺寸来确定个体之间和群体之间在人体尺寸上的差别，用以研究人的形态特征，从而为各种安全设计、工业设计和工程设计提供人体测量数据。人体测量的目的就是提高设计对象的宜人性，让使用者能够安全、健康、舒适地工作，从而减少人体疲劳和误操作，提高整个人机系统的安全性和工作效率。

一、人体形态测量的基本术语

国标 GB/T 5703—2023《用于技术设计的人体测量基础项目》规定了人机工程学使用的中国成年人和青少年的人体测量术语。该标准规定，只有在被测者姿势、测量基准面、测量方向、测点等符合以下要求，测量数据才是有效的。

（一）被测者姿势

1. 立　姿

立姿指被测者挺胸直立，头部以眼耳平面定位，眼睛平视前方，肩部放松，上肢自然下垂，手伸直，手掌朝向体侧，手指轻贴大腿侧面，自然伸直，左、右足后跟并拢，两足前端分开大致呈 45°夹角，体重均匀分布于两足。

2. 坐　姿

坐姿指被测者挺胸坐在被调节到腓骨头高度的平面上，头部以眼耳平面定位，眼睛平视前方，左、右大腿大致平行，膝弯屈大致成直角，足平放在地面上，手轻放在大腿上。

（二）测量基准面

人体测量基准面是由三个互为垂直的轴，即铅垂轴（垂直轴）、纵轴和横轴来决定的。人体测量中设定的轴线和基准面如图 1-2-1 所示。

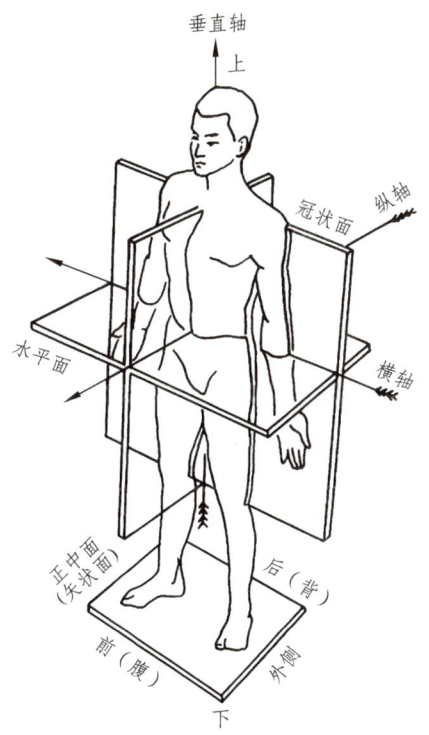

图 1-2-1　人体测量基准面和基准轴

1. 水平面

与矢状面及冠状面同时垂直的所有平面称为水平面。水平面将人体分成上、下两部分。

2. 冠状面

通过铅垂轴和横轴的平面及与其平行的所有平面都称为冠状面。冠状面将人体分成前、后两部分。

3. 矢状面

通过铅垂轴和纵轴的平面及与其平行的所有平面都称为矢状面。

4. 正中矢状面

在矢状面中，把通过人体正中线的矢状面称为正中矢状面。正中矢状面将人体分成左、右对称的两部分。

5. 眼耳平面

通过左、右耳屏点及右眼眶下点的水平面称为眼耳平面。

（三）测量尺寸

人机工程学范围内的人体形态测量数据主要有静态尺寸和动态尺寸两类。静态尺寸是指人体构造上的尺寸；动态尺寸是指人体功能上的尺寸，即人在活动中的尺寸，也称之为功能尺寸。

（四）支承面和着装

立姿时站立的地面或平台以及坐姿时的椅平面应是水平、稳固的，且不变形。测量时，被测者应裸体或尽可能少着装，且免冠赤足。

（五）基本测量项目

国标 GB/T 5703—2023《用于技术设计的人体测量基础项目》规定了有关中国人的人体测量基础项目，其中静态尺寸 48 项、动态尺寸（功能尺寸）14 项。静态尺寸包括：立姿 12 项、坐姿 16 项、特定部位（主要包括头部、手部和足部）20 项。具体测量时可参阅该标准的有关内容。

二、人体形态测量的主要方法

人体测量的主要方法有普通测量法、摄影法（见图 1-2-2）和三维数字化人体测量法（见图 1-2-3）。三维数字化人体测量法的误差仅有 1 mm。

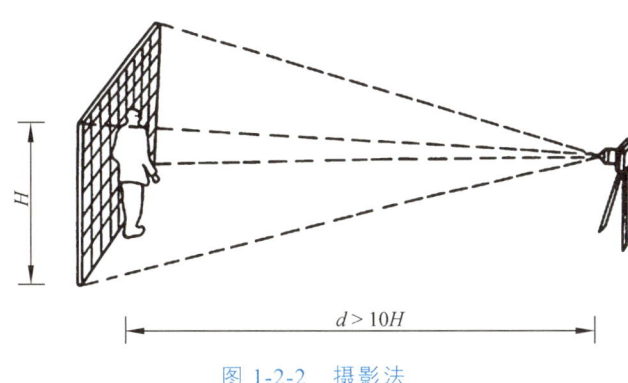
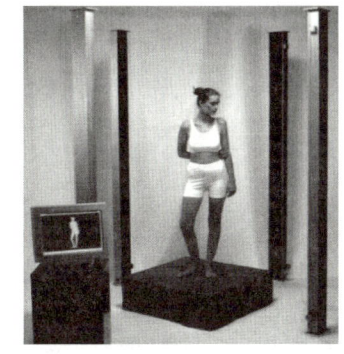

图 1-2-2 摄影法　　　　　　　图 1-2-3 三维数字化人体测量法

三、人体形态测量涉及的统计函数

在人体测量中所得到的测量值都是离散的随机变量,因而可根据概率论与数理统计理论对人体测量数据进行统计分析,从而获得所需群体尺寸的统计规律和特征参数。

（一）均　值

表示样本的测量数据集中地趋向某一个值,该值称为平均值,简称均值。均值是描述测量数据位置特征的值,可用来衡量一定条件下的测量水平和概括地表现测量数据的集中情况。对于 n 有个样本的测量值：$x_1, x_2, \cdots, x_n$,其均值为

$$\overline{x} = \frac{x_1 + x_2 + \cdots + x_n}{n} = \frac{1}{n}\sum_{i=1}^{n} x_i \tag{2-1}$$

（二）方　差

描述测量数据在中心位置（均值）上下波动程度差异的值叫均方差,通常称为方差,如式（2-2）所示。

$$S^2 = \frac{1}{n-1}\sum_{i=1}^{n}(x_i - \overline{x})^2 \tag{2-2}$$

化简后可得

$$S^2 = \frac{1}{n-1}\left(\sum_{i=1}^{n} x_i^2 - n\overline{x}\right) \tag{2-3}$$

（三）标准差

方差的量纲是测量值量纲的平方,为使其量纲和均值相一致,取其均方根差值,即标准差来说明测量值对均值的波动情况。所以,方差的平方根的称为标准差,如式（2-4）所示。

$$s = \sqrt{\frac{1}{n-1}\sum_{i=1}^{n}(x_i - \overline{x})^2} \tag{2-4}$$

(四) 抽样误差

抽样误差又称标准误差，即所有样本均值的标准差，如式（2-5）所示。

$$S_{\bar{x}} = \frac{S}{\sqrt{n}} \qquad (2\text{-}5)$$

(五) 百分位数和适应度

人体测量数据可大致上视为服从正态分布。实际中，即使经过人机工程学的严格设计的任何一个机械或产品都不可能适应所有的人使用。工程上常以正态分布的某个百分位 α 处的人体尺寸数值 x 作为设计用人体尺度的一个界值，以控制设计的适应范围，该界值称为百分位数。百分位数可由式（2-6）取得：

$$x_\alpha = \bar{x} + k \times s \qquad (2\text{-}6)$$

式中，x_α 为对应于百分位 α 的百分位数；$\bar{x}$ 为样本均值；s 为样本标准差；k 为与 α 有关的变换系数，见表 1-2-1。

表 1-2-1　百分比与变换系数

百分比/%	变换系数 k	百分比/%	变换系数 k
0.5	2.576	70	0.524
1.0	2.326	75	0.674
2.5	1.960	80	0.842
5	1.645	85	1.036
10	1.282	90	1.282
15	1.036	95	1.645
20	0.842	97.5	1.960
25	0.674	99.0	2.326
30	0.524	99.5	2.576

四、人体形态测量常用的基础数据

GB/T 10000—2023《中国成年人人体尺寸》是关于我国成年人人体尺寸的国家标准，适用于成年人消费用品、交通、服装、家居、建筑、劳动防护、军事等生产与服务产品，设备、设施的设计及技术改造更新，以及各种与人体尺寸相关的操作、维修、安全防护等工作空间的设计及其工效学评价。

GB/T 10000—2023《中国成年人人体尺寸》提供了 52 项静态人体尺寸和 16 项人体功能尺寸的统计值，并按男、女性别分开列表，如图 1-2-4 至图 1-2-8 和表 1-2-2、表 1-2-3 所示。

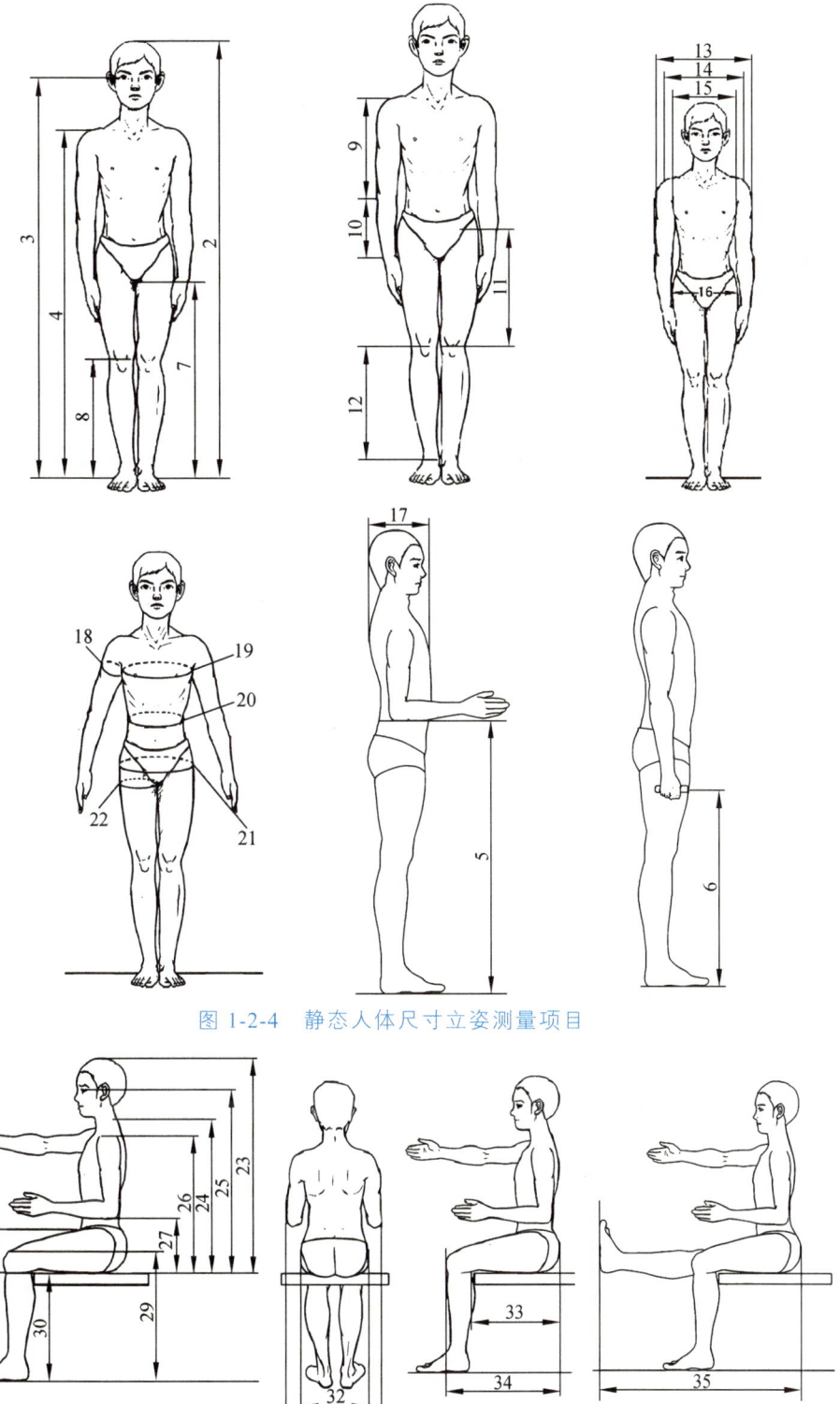

图 1-2-4　静态人体尺寸立姿测量项目

图 1-2-5　静态人体尺寸坐姿测量项目

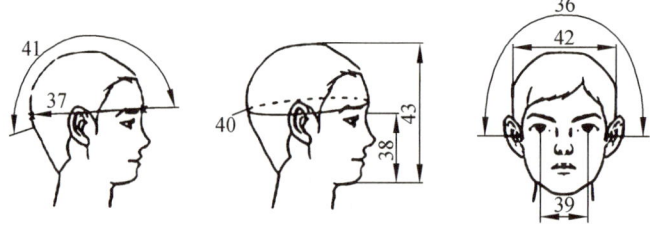

图 1-2-6　静态人体尺寸头部测量项目

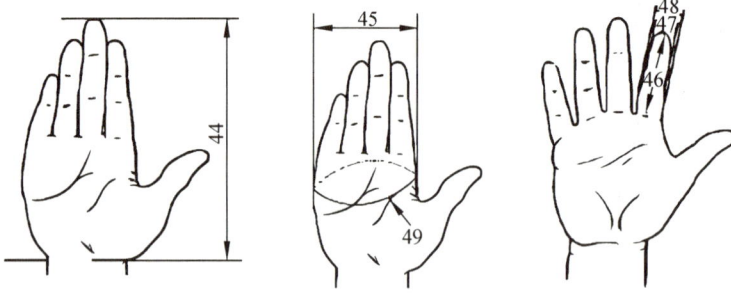

图 1-2-7　静态人体尺寸手部测量项目

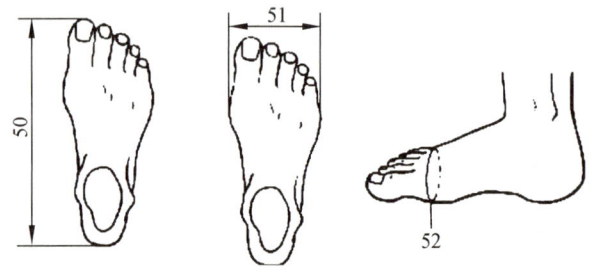

图 1-2-8　静态人体尺寸足部测量项目

表 1-2-2　18～70岁成年男性静态人体尺寸百分位数

	测量项目	百分位数						
		P1	P5	P10	P50	P90	P95	P99
1	体重/kg	47	52	55	68	83	88	100
立姿测量项目/mm								
2	身高	1 528	1 578	1 604	1 687	1 773	1 800	1 860
3	眼高	1 416	1 464	1 486	1 566	1 651	1 677	1 730
4	肩高	1 237	1 279	1 300	1 373	1 451	1 474	1 525
5	肘高	921	957	974	1 037	1 102	1 121	1 161
6	手功能高	649	681	696	750	806	823	854
7	会阴高	628	655	671	729	790	807	849
8	胫骨点高	389	405	415	445	477	488	509

续表

测量项目		百分位数						
		P1	P5	P10	P50	P90	P95	P99
立姿测量项目/mm								
9	上臂长	277	289	296	318	339	347	358
10	前臂长	199	209	216	235	256	263	274
11	大腿长	403	424	434	469	506	517	537
12	小腿长	320	336	345	374	405	415	434
13	肩最大宽	398	414	421	449	481	490	510
14	肩宽	339	354	361	386	411	419	435
15	胸宽	236	254	265	299	330	339	356
16	臀宽	291	303	309	334	359	367	382
17	胸厚	172	184	191	218	246	254	270
18	上臂围	227	246	257	295	332	343	369
19	胸围	770	809	832	927	1 032	1 064	1 123
20	腰围	642	687	713	849	986	1 023	1 096
21	臀围	810	845	864	938	1 018	1 042	1 098
22	大腿围	430	461	477	537	600	620	663
坐姿测量项目/mm								
23	坐高	827	856	870	921	968	979	1 007
24	坐姿颈椎点高	599	622	635	675	715	726	747
25	坐姿眼高	711	740	755	798	845	856	881
26	坐姿肩高	534	560	571	611	653	664	686
27	坐姿肘高	199	220	231	267	303	314	336
28	坐姿大腿厚	112	123	130	148	170	177	188
29	坐姿膝高	443	462	472	504	537	547	567
30	坐姿腘高	361	378	386	413	442	450	469
31	坐姿两肘间宽	352	376	390	445	505	524	566
32	坐姿臀宽	292	308	316	346	379	388	410
33	坐姿臀-腘距	407	427	438	473	507	518	538
34	坐姿臀-膝距	509	526	535	567	601	613	635
35	坐姿下肢长	830	873	892	956	1 025	1 045	1 086

续表

测量项目		百分位数						
		P1	P5	P10	P50	P90	P95	P99
头部测量项目/mm								
36	头宽	142	147	149	158	167	170	175
37	头长	170	175	178	187	197	200	205
38	形态面长	104	108	111	119	129	133	144
39	瞳孔间距	52	55	56	61	66	68	71
40	头围	531	543	550	570	592	600	617
41	头矢状弧	305	320	325	350	372	380	395
42	耳屏间弧（头冠状弧）	321	334	340	360	380	386	397
43	头高	202	210	217	231	249	253	260
手部测量项目/mm								
44	手长	165	171	174	184	195	198	204
45	手宽	78	81	82	88	94	86	100
46	食指长	62	65	67	72	77	79	82
47	食指近位宽	18	18	19	20	22	23	23
48	食指远位宽	15	16	17	18	20	20	21
49	掌围	182	190	193	206	220	225	234
足部测量项目/mm								
50	足长	224	232	236	250	264	269	278
51	足宽	85	89	91	98	104	106	110
52	足围	218	226	231	247	263	268	278

表 1-2-3　18～70 岁成年女性静态人体尺寸百分位数

测量项目		百分位数						
		P1	P5	P10	P50	P90	P95	P99
1	体重/kg	41	45	47	57	70	75	84
立姿测量项目/mm								
2	身高	1 440	1 479	1 500	1 572	1 650	1 673	1 725
3	眼高	1 328	1 366	1 384	1 455	1 531	1 554	1 601
4	肩高	1 161	1 195	1 212	1 276	1 345	1 366	1 411
5	肘高	867	895	910	963	1 019	1 035	1 070
6	手功能高	617	644	658	705	753	767	797

续表

	测量项目	百分位数						
		P1	P5	P10	P50	P90	P95	P99
立姿测量项目/mm								
7	会阴高	618	641	653	699	749	765	798
8	胫骨点高	358	373	381	409	440	449	468
9	上臂长	256	267	271	292	311	318	332
10	前臂长	188	195	202	219	238	245	256
11	大腿长	375	395	406	441	476	487	508
12	小腿长	297	311	318	345	375	384	401
13	肩最大宽	366	377	384	409	440	450	470
14	肩宽	308	323	330	354	377	383	395
15	胸宽	233	247	255	283	312	319	335
16	臀宽	281	293	299	323	349	358	375
17	胸厚	168	180	186	212	240	248	265
18	上臂围	216	235	246	290	332	344	372
19	胸围	746	783	804	895	1 009	1 042	1 109
20	腰围	599	639	663	781	923	964	1 047
21	臀围	802	837	854	921	1 009	1 040	1 111
22	大腿围	443	470	485	536	595	617	661
坐姿测量项目/mm								
23	坐高	780	805	820	863	906	921	943
24	坐姿颈椎点高	563	581	592	628	664	675	697
25	坐姿眼高	665	690	704	745	787	798	823
26	坐姿肩高	500	521	531	570	607	617	636
27	坐姿肘高	188	209	220	253	289	296	314
28	坐姿大腿厚	108	119	123	137	155	163	173
29	坐姿膝高	418	433	440	469	501	511	531
30	坐姿腘高	341	351	356	380	408	418	439
31	坐姿两肘间宽	317	338	352	410	474	491	529
32	坐姿臀宽	293	308	317	348	382	393	414
33	坐姿臀-腘距	396	416	426	459	492	503	524
34	坐姿臀-膝距	489	506	514	544	577	588	607
35	坐姿下肢长	792	833	849	904	960	977	1 015

续表

测量项目		百分位数						
		P1	P5	P10	P50	P90	P95	P99
头部测量项目/mm								
36	头宽	137	141	143	151	159	162	168
37	头长	162	167	170	178	187	189	194
38	形态面长	96	100	105	110	119	122	130
39	瞳孔间距	50	52	54	58	64	66	71
40	头围	517	528	533	552	571	577	591
41	头矢状弧	280	303	311	335	360	367	381
42	耳屏间弧（头冠状弧）	313	324	330	349	369	375	385
43	头高	199	206	213	227	242	246	253
手部测量项目/mm								
44	手长	153	158	160	170	179	182	188
45	手宽	70	73	74	80	85	87	90
46	食指长	59	62	63	68	73	74	77
47	食指近位宽	16	17	17	19	20	21	21
48	食指远位宽	14	15	15	17	18	18	19
49	掌围	163	169	172	185	197	201	211
足部测量项目/mm								
50	足长	208	215	218	230	243	247	256
51	足宽	77	82	83	90	96	98	102
52	足围	200	207	211	225	240	245	254

GB/T 10000—2023《中国成年人人体尺寸》给出了东北华北区、中西部区、长江下游区、长江中游区、两广福建区、云贵川区等六个自然区域成年人身高、体重和胸围的均值及标准差，如表 1-2-4 和表 1-2-5 所示。

表 1-2-4 六个自然区域成年男性的身高、体重和胸围三项参数的均值和标准差

测量项目	东北华北区		中西部区		长江中游区		长江下游区		两广福建区		云贵川区	
	均值	标准差	均值	标准差	均值	标准差	均值	标准差	均值	标准差	均值	标准差
身高/mm	1 702	67.3	1 686	64.8	1 673	65.8	1 694	67.4	1 684	72.2	1 663	68.5
体重/kg	71	11.9	69	11.3	67	10.4	68	11.0	67	10.9	65	10.5
胸围/mm	949	80.0	930	80.3	920	74.8	929	75.5	915	74.1	913	73.7

表 1-2-5　六个自然区域成年女性的身高、体重和胸围三项参数的均值和标准差

测量项目	东北华北区		中西部区		长江中游区		长江下游区		两广福建区		云贵川区	
	均值	标准差	均值	标准差	均值	标准差	均值	标准差	均值	标准差	均值	标准差
身高/mm	1 584	61.9	1 577	58.7	1 564	54.7	1 582	59.7	1 564	60.6	1 548	58.6
体重/kg	60	9.8	60	9.6	56	7.9	57	8.5	55	8.4	56	8.5
胸围/mm	908	86.0	915	81.0	892	73.6	896	76.7	882	72.9	908	77.2

注：六个自然区域包括的省（自治区、直辖市）如下。
东北华北区：黑龙江、吉林、辽宁、内蒙古、河北、山东、北京、天津；
中西部区：河南、山西、陕西、宁夏、甘肃、新疆、西藏、青海；
长江下游区：江苏、浙江、安徽、上海；
长江中游区：湖北、湖南、江西；
两广福建区：广东、广西、海南、福建、台湾；
云贵川区：云南、贵州、四川、重庆。

例 1　设计适用于 90%东北华北区男性使用的产品，试问应按怎样的身高范围设计该产品尺寸？

解：由表 1-2-4 查知东北华北区男性身高平均值 $\bar{x} = 1\,702$ mm，标准差 $s = 67.3$ mm；要求产品适用于 90%的人，故以第 5 百分位和第 95 百分位确定尺寸的界限值，由表 1-2-1 查得变换系数 $k = 1.645$。

即第 5 百分位数为 $x_5 = 1\,702 - (67.3 \times 1.645) = 1\,591$ mm

第 95 百分位数为 $x_{95} = 1\,702 + (67.3 \times 1.645) = 1\,813$ mm

结论：按身高 1 591～1 813 mm 设计产品尺寸，将适应用于 90%的东北华北区男性。

讨论：平均值是作为设计的基本尺寸，而标准差是作为设计的调整量。

注意：例中被排除的 10%的人，是 10%的矮小者还是高大者，或者大小各排除 5%即取中间值，取决于排除后对使用者的影响和经济效果。

当需要得到某项人体测量尺寸 x 所处的百分率 P 时，可按式（2-7）求得。

$$k = (x - \bar{x})/s \tag{2-7}$$

然后根据 k 值查表得 p 的值，再按式（2-8）求百分率 P，即

$$P = 0.5 + p \tag{2-8}$$

例 2　已知男性 A 身高 1 720 mm，试求有百分之几的中西部区男性超过其高度？

解：由表 1-2-4 查得中西部区男性身高平均值 $\bar{x} = 1\,686$ mm，标准差 $s = 64.8$ mm。

$$k = (x - \bar{x})/s = (1\,720 - 1\,686)/64.8 = 0.524\,7$$

再根据 $k = 0.524\,7$，查表得 $p = 0.201$，即 $P = 0.5 + 0.201 = 0.701$

结论：身高在 1 720 mm 以下的中西部区男性为 70.1%，超过男性 A 身高的中西部区男性则为 29.9%。

五、人体测量数据的应用

(一) 人体测量数据的选用原则

人体测量数据的应用

运用人体测量数据进行设计时，应遵循以下几个准则。

1. 极限设计原则

极限设计原则的主要内容包括设计的最大尺寸参考人体尺寸的低百分位；设计的最小尺寸参考人体的高百分位。例如，人体身高常用于通道和门的最小高度设计，为尽可能使所有人（99%以上）通过时不发生撞头事件，通道和门的最小高度设计应用高百分位身高数据；而设计汽车的吊环时，为使所有人（99%以上）都能抓到吊环，应选用立姿双臂垂直作业域的最小值。

2. 可调原则

设计优先采用可调式结构。一般来说，设计和确定作业空间尺寸的根据，必须保证至少90%的用户的适应性、兼容性、操作性和维护性，即人体主要尺寸的设计极限应根据第5至第95百分位的值确定。

3. 平均尺寸原则

设计中采用平均尺寸计算（多数专家不主张按平均尺寸设计），但如门拉手高度、锤子和刀的手柄等采用平均尺寸进行设计比较合理。

4. 使用最新人体数据准则

在美国、英国等发达国家，都已建立了较为完善的人体测量体系，并定期进行人体尺寸数据的采集和更新。在使用人体测量数据时，要考虑其测量年代，然后加以适当修正。因此，在人体尺寸设计运用时一定要使用最新的人体数据进行设计。

5. 地域性准则

人体测量数据的差异受年龄、性别、年代、地区与种族和职业的影响，设计时必须考虑实际服务的区域和民族分布等因素。

6. 功能修正与最小心理空间相结合准则

人体尺寸测量时要求被测量者裸体或穿着尽量少的内衣（例如只穿内裤和汗背心）测量，而设计中必须考虑穿衣戴帽和穿鞋条件下的人体尺寸。因此，考虑有关人体尺寸时，必须给衣服、帽子和鞋子等留出适当的余量，也就是人体尺寸上增加适当的着装修正量。实际中人的可能姿势、动态操作、着装等需要的设计裕度总计为功能修正量。

为了消除人们心理上的"空间压抑感""高度恐惧感"和"过于接近时的窘迫感和不舒适感"等心理感受，或者是为了满足人们"求美""求奇"等心理需求，涉及人的产品和环境空间设计，必须再附加一项必要的心理空间尺寸，即心理修正量。

后面座椅的设计中详细介绍如何进行功能修正和心理修正。

（二）人体尺度在工程设计中的应用

1. 人体尺度应用的原则

从工程设计应用角度，人体尺度应用应满足以下原则。

1）满足度

满足度是产品设计尺寸满足特定使用者群体的百分率。也就是说从人体工程学角度看，设计适合多少人。

2）产品尺寸设计任务的分类（见表1-2-6）

Ⅰ型产品尺寸设计（即需满足上文所说的可调准则）：尺寸在上限值和下限值之间可调，上、下限百分位分别为5%和95%时，满足度为90%。

Ⅱ型产品尺寸设计应满足最大最小准则。

表 1-2-6　人体尺寸百分位数选择

产品类型	产品类型定义	说明
Ⅰ型产品尺寸设计	需要两个百分位数作为尺寸上限值和下限值的依据	属双限值设计
Ⅱ型产品尺寸设计	只需要一个百分位数作为尺寸上限值和或下限值的依据	属单限值设计
ⅡA型产品尺寸设计	只需要一个人体尺寸百分位数作为尺寸上限值的依据	属大尺寸设计
ⅡB型产品尺寸设计	只需要一个人体尺寸百分位数作为尺寸下限值的依据	属小尺寸设计
Ⅲ型产品尺寸设计	只需要一个第50百分位数作为产品尺寸设计的依据	平均尺寸设计

2. 人体尺寸的应用方法和程序

1）确定所设计对象的类型和适应度

确定设计对象的功能尺寸的主要依据是人体尺寸百分位数，而它的选用又与设计对象的类型密切相关。首先应确定所设计的对象是属于哪一类型。产品尺寸设计分类如表1-2-7所示。

表 1-2-7　产品尺寸设计分类

设计类型	产品重要程度	百分位的选取	说明
Ⅰ型	涉及人的安全、健康的一般用途	选用 x_{99} 和 x_1 为尺寸上、下限值的依据 选用 x_{95} 和 x_5 作为尺寸上、下限值的依据	99%和1%为上、下限 95%和5%为上、下限
ⅡA型	涉及人的安全、健康的一般用途	选用 x_{99} 或 x_{95} 作为尺寸上限值的依据，选用 x_{90} 作为尺寸上限值的依据	99%或95% 90%
ⅡB型	涉及人的安全、健康的一般用途	选用 x_1 或 x_5 作为尺寸下限值的依据，选用 x_{10} 作为尺寸下限值的依据	99%或95% 90%
Ⅲ型产品	一般用途	选用 x_{50} 作为产品尺寸设计的依据	通用
成年男、女通用产品	一般用途	选用男性的 x_{99}、x_{95} 或 x_{90} 为尺寸上限值，选用女性的 x_1、x_5 或 x_{10} 为尺寸下限值	通用

2）选择人体尺寸百分位数

在确认所设计的产品类型及其等级之后，选择人体尺寸百分位数的依据是适用度。人机工程学设计中的适用度，是指所设计产品在尺寸上能满足多少人使用，通常以适合使用的人数占使用者群体的百分比表示，可参考表 1-2-7。

（三）人体数据应用举例

一个普通人一生坐在电脑椅或工作椅上的时间超过 40 000 小时，一个办公职员一生坐在工作椅上的时间超过 60 000 小时，而一个 IT 从业者坐在工作椅上的时间超过 80 000 小时。根据最近健康报告分析，长时间坐在设计不合理、坐感不舒适的劣质工作椅上，会影响人体血液循环、破坏人体消化系统运作、打乱人体新陈代谢，还会威胁骨骼健康，导致颈椎病、腰椎病、肩周炎、手腕脉管炎等多种疾病。由此可见，正确舒适的坐姿和一张设计合理、舒适的工作椅对于健康非常重要。现以座椅设计的人机要求为例来说明人体数据的应用。

1. 座椅的设计原则

（1）座椅的设计应提供操作人员在操作时的身体支撑；

（2）座椅的设计要使操作人员工作顺利，椅子的尺寸要适当，其高度和位置可以调整到适合各种身材的人使用；

（3）座椅应能够适当地支撑住身体，以避免不良的姿势，同时身体的重量能够均衡地分布在椅面上；

在不影响手的个别动作时，座椅应有扶手，同时也应有脚踏板，以维持适当的座椅到脚停止位置的距离。

2. 座椅的尺寸设计

1）座面高度

座高设计应该满足大腿基本水平，小腿垂直地获得地面支撑；腘窝不受压；臀部边缘及腘窝后部的大腿在椅面获得"弹性支撑"。

参照坐姿尺寸中的"坐姿腘高"加以修正，为了满足 90% 的人用起来都舒服，选用"可调式原则"，查表 1-2-2 和表 1-2-3 得 P95 男 = 450 mm，P5 女 = 351 mm，加穿鞋修正量（男 25 mm，女 30 mm），穿裤修正量（–6 mm）。按照"宁低勿高"的原则，再低 10 mm 计算。

第 95 百分位男子的坐姿腘高为 450 + (25 – 6) – 10 = 459，

第 5 百分位女子的坐姿腘高为 351 + (30 – 6) – 10 = 365

把这两个数据的个位四舍五入到十位，得到中国男女通用工作椅座高的调节范围为 370 ~ 460 mm。座椅最好设计成高度可调，以适应不同身材的操作者需要。

2）座深

正确的设计应使臀部得到全面的支撑，腰部得到靠背的支撑，座面前缘与小腿间留有适当距离，保证小腿可自由活动。如果座深过深（如图 1-2-9 所示），起坐困难，所以应选用"宁浅勿深"原则。

应该参照坐姿尺寸中的"坐姿臀-腘距"加以修正，查表 1-2-2 和表 1-2-3 得 P95 男 = 518 mm，P5 女 = 416 mm，依据"宁浅勿深"原则，比表中座深应该小一定数值，GB/T 14774—1993 给出的座深数字范围为 360～390 mm，推荐为 380 mm。

3）座宽

座宽应满足臀部就座所需要的尺度，使人能自如地调整坐姿。扶手椅座宽不够或过宽都不舒服，如图 1-2-10 所示。

单人椅座宽参照坐姿尺寸中的"坐姿臀宽"加以修正，男女公用者，取女性的该项人体尺寸为设计依据，查表 1-2-3 得 P95 女 = 393 mm。为了保证每个人都能坐到椅面上，应选用"宁宽勿窄"的原则，推荐值 400 mm。

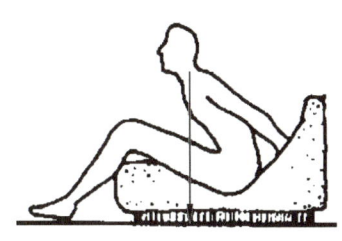

图 1-2-9　座深过深

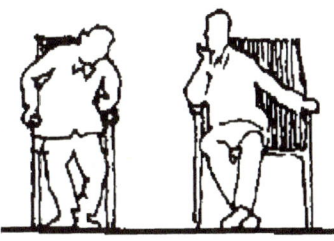

图 1-2-10　座宽过小或过大

4）座面倾角

因为工作时身体前倾，若倾角过大，会因为身体前倾而使脊椎拉直，破坏正常的腰椎曲线，所以座椅座面倾角一般小于 3°。

5）靠背的高和宽

靠背的作用是保持脊椎处于自然形状的放松姿势。靠背可分为腰靠和肩靠，作业场所的座椅大部分属于腰靠。靠背的最大高度可达 630 mm，最大宽度为 480 mm。支撑腰部以下的骶骨部分能增加舒适感，靠背下沿与座面之间最好留有一定的空间（70～80 mm），以容纳向后挤出的臀部肌肉。靠背的横截面可以是一个半径大于 1 000 mm 的圆弧。

6）靠背与座面夹角

靠背与座面夹角若小于 90°，则腹部受压迫；夹角太大会降低人的警觉状态。一般可取 95°～105°。

7）座垫高度

一般座垫的高度是 25 mm。太软太高的坐垫，易造成身体不稳，反易产生疲劳。

8）扶手高度

扶手的主要功用是使手臂有所依托，减轻手臂下垂重力对肩部的作用，使人体处于较稳定的状态。它也可以作为起身站立或变换坐姿的起点。扶手不能太高，否则迫使肘部抬高，肩部与颈部肌肉拉伸；但如过低则使臂部得不到支撑，或者躯干必须偏斜，以寻求一侧的支撑，如图 1-2-11 所示。

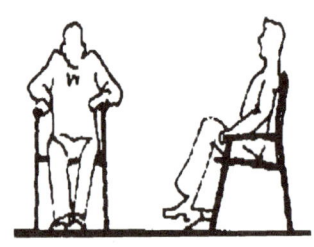

图 1-2-11　扶手过高或过低

扶手高度参照坐姿尺寸中的"坐姿肘高"加以修正，依据"平均尺寸原则"，P50 男 = 267 mm，P50 女 = 253 mm。两者取平均值为 260 mm，公用座椅的扶手高度应略小于这个值，推荐值 250 mm。两扶手的间距可取 500~600 mm，运输工具中两扶手间距可取 400~500 mm。

根据上述尺寸，可以设计出一把满足人机工程学原理和要求的椅子，如图 1-2-12 所示。

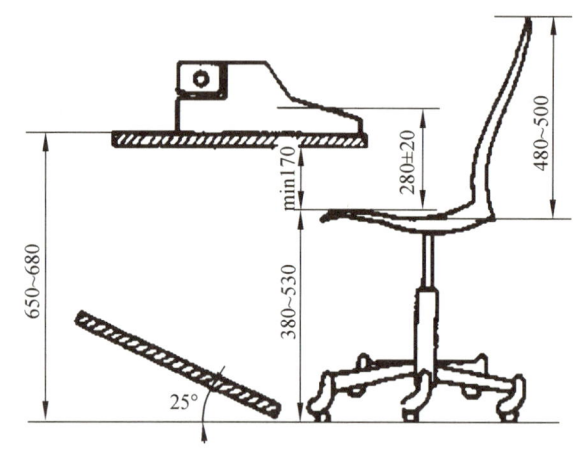

图 1-2-12　高靠背办公座椅、工作面、搁脚板的配合尺寸

任务二　人的生理特征

人的生理特征主要包括人的感知特征和视觉特征。

一、人的感觉特征

人的感知特性

感觉是人脑对直接作用于感觉器官（眼、耳、鼻、舌、身）的客观事物的个别属性的反映。例如，一个香蕉放在人的面前，通过眼睛看便产生了香蕉呈黄色的视觉；若摸一下便产生光滑感的触觉；若闻一下便产生清香的嗅觉；若吃一下，便产生甜滋滋的味觉。由此产生的视觉、触觉、嗅觉、味觉都属于感觉。此外，感觉还反映人体本身的活动状态，例如人感到内部器官工作状态舒适、疼痛、饥饿等。感觉也是一个

过程，客观事物直接作用于的感觉器官，产生神经冲动，并由传入神经传到中枢神经系统，引起感觉。

感觉的基本特性可以归纳为以下 3 点。

1. 感受性

人的各种感受器官都有各自最敏感的刺激形式，这种刺激形式可称为对应于该感觉器的适宜刺激。当适宜刺激作用于该感觉器时，只需要很小的刺激能量就能引起感受器的兴奋。对于非适宜刺激，则需要较大的刺激能量。表 1-2-8 给出了人体主要感觉器官的适宜刺激以及感觉反应。

表 1-2-8 适宜刺激及感觉反应

感觉类型	感觉器官	适宜刺激	刺激起源	识别特征	作用
视觉	眼	光	外部	形状、大小、位置、远近、色彩、明暗、运动方向等	鉴别
听觉	耳	声	外部	声音的高低、强弱、方向和远近	报警、联络
嗅觉	鼻	挥发和飞散的物质	外部	辣气、香气、臭气	报警、鉴别
味觉	舌	被唾液溶解的物质	接触表面	甜酸、苦辣、咸等	鉴别
皮肤感觉	皮肤及皮下组织	物理或化学物质对皮肤作用	直接和间接接触	触觉、痛觉、温度觉、压觉	报警
深部感觉	机体神经和关节	物质对肌体的作用	外部和内部	撞击、重力、姿势等	调整
平衡感觉	半规管	运动和位置变化	内部和外部	旋转运动、直线运动和摆动等	调整

人的各种感觉器官的感受能力发展很不平衡，在感受能力方面不同职业又有各自不同的要求。例如，对从事音乐的工作者要求较高的听觉分辨能力；对从事检验行业与美术行业的工作者需要有较高的颜色分辨能力。

2. 感觉的适应性

感觉具有随环境和条件变化而变化的特点。例如，刚进浴池感到水热，泡一段时间就不再感觉那样热了，这是皮肤感觉的适应性。除痛觉之外各种感觉都有适应问题。刚入暗室，什么也看不见，等一会就看清了，这是暗适应；自暗室突然走出来，光亮刺眼，什么也看不见，等一会又看清了，这是光适应；入芝兰之室，久而不闻其香，入鲍鱼之肆，久而不闻其臭，则是嗅觉适应。

当一种强度不变的刺激持续作用于感觉器官时，传入神经纤维的冲动频率逐渐下降，引起的感觉逐渐减弱或消失，这一现象称为感受器的适应现象（Adaptation）。适应是所有感受器的一个功能特点，但不同感受器有很大的差别，嗅觉感受器最容易适应。感觉适应的产生机制可能更为复杂，其中只部分地与感受器的适应有关，因为适应的产生与传导途径中的突触传递和感觉中枢的某些功能改变有关。

3. 余觉

在刺激取消后,感觉可以存在一段极短时间,这个现象称之为余觉。例如,在暗室里急速转动一根燃烧着的火柴,可以看到一圈火花,这就是余觉的感觉。

二、人的知觉特征

感觉只是凭感觉器官对环境中刺激的觉察;而知觉则是对感觉获得信息作进一步处理。比如通过感觉,我们知道某个物体的颜色、气味、温度等属性,而知觉让我们对某个事物有一个完整的映像,并做出判断,如杯子、苹果、桌子等。

神经生理学研究表明,知觉过程非常复杂,它依赖于许多大脑的感觉皮质和联络皮质的协同活动。人的知觉一般有如下共同特征。

1. 知觉的整体性

知觉的对象具有不同的属性,由不同的部分组成。人们由于具有一定的知识经验,加上某些思维习惯,人并不把知觉对象感知为个别的、孤立的部分,而总是把它知觉为一个统一的整体。如图 1-2-13 的左图,我们不会看成虚线组合,而会看成是一个圆。右图我们并不是把感知为孤立的四条直线,而从一开始就看成一个正方形。又如我们看到一部机器时,它的形状、大小、颜色等特征总是一起被我们的视觉感知,首先感知一个初步的整体印象,然后才去关注它的局部。

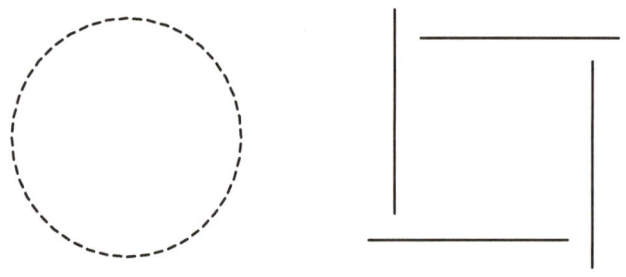

图 1-2-13 知觉的整体性图

2. 知觉的理解性

人们往往根据自己过去获得的知识和经验去理解和感知现实的对象。如图 1-2-14 所示,可以认识它是一幅人头像。

3. 知觉的选择性

知觉的选择性既受知觉对象特点的影响,又受知觉者本人主观因素的影响,如兴趣、态度、爱好、情绪、知识经验、观察能力或分析能力等。例如图 1-2-15 所示,你看的是一个花瓶还是两个人的头的侧面像?

图 1-2-14　知觉的理解性图

图 1-2-15　鲁宾的面孔

三、人的视觉特征

机体从外界获得的信息中 80%以上来自视觉，因此，在感觉器官中视觉占有重要地位。

人的视觉特性

1. 视觉机能

1）视角

视角是由瞳孔中心到被观察物体两端所张开的角度。如图 1-2-16 所示，是确定被看物尺寸范围的两端点光线射向人眼球的相交角度，视角的大小与观察距离及被看物体上两端点的直线距离有关，可用式（2-9）表示：

$$\alpha = 2\arctan\frac{D}{2L} \qquad (2\text{-}9)$$

式中，α——视角[单位：（°）]；

D——被观察物体两端点间的直线距离（单位：m）；

L——眼睛至被观察物体间的距离（单位：m）。

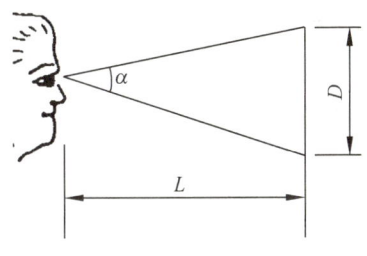

图 1-2-16　视角

在一般照明条件下，正常人眼能辨别 5 m 远处两点间的最小距离，其相应的视角为 1°，即能够分辨的最小物体的视角定义为最小视角。人眼辨别物体细微部分的能力是随着照度及物体与背景的对比度的增加而增加。

2）视力

视敏度是能够辨出视野中空间距离非常小的两个物体的能力。当能将两个相距很近的物体区分开时，两个刺激物之间有一个最小的距离，这个距离所形成的视角就是这两个刺激物的最小分阈限,又称为临界视角,它的倒数称为视敏度。在医学上把视敏度叫作视力。

$$视力 = 1/能够分辨的最小物体的视角$$

检查视力就是测量视觉的分辨能力。一般将视力 1.0 称为标准视力。在理想的条件下,大部分人的视力超出 1.0,有的还可达到 2.0。

3) 视野

视野是指人的头部和眼球固定不动的情况下,眼睛观看正前方物体时所能看得见的空间范围,常以角度来表示。视野的大小和形状与视网膜上感觉细胞的分布状况有关,可以用视野计来测定视野的范围。

4) 视距

视距是指人在控制系统中正常的观察距离。观察各种显示仪表时,若视距过远或过近,充分调动速度和准确性都不利,一般应根据观察物体的大小和形状在 380～760 mm 之间选择最佳视距,见表 1-2-9 所示。

表 1-2-9 几种工作视距的推荐值

任务要求	举例	视距离/cm	固定视野直径/cm	备注
最精细的工作	安装最小部件（如电子元件）	12～25	20～40	完全坐着,部分地依靠视觉辅助手段
精细工作	安装收音机、电视机	25～35（多为30～32）	40～60	坐着或站着
中等粗活	印刷机、钻井机、机床旁工作	50 以下	至 80	坐着或站着
粗活	包装、粗磨	50～150	30～250	多为站着
远看	黑板、开汽车	150 以上	250 以上	坐着或站着

2. 视觉特征

常见的视觉现象有以下几种:

1) 暗适应与明适应

人眼的适应性分为暗适应和明适应两种。当人从亮处进入暗处时,刚开始看不清物体,而需要经过一段适应的时间后,才能看清物体,这种适应过程称为暗适应。暗适应过程开始时,瞳孔逐渐放大,进入眼睛的光通量增加。同时对弱刺激敏感的视杆细胞也逐渐转入工作形态,由于视杆细胞转入工作状态的过程较慢,因而暗适应的过渡时间较长,大约需要 30 min 才能基本适应,完全适应大约需要 1 h。

与暗适应情况相反的过程称为明适应。明适应过程开始时,瞳孔缩小,使进入眼中的光通量减少;同时转入工作状态的视锥细胞数量迅速增加,因为对较强刺激敏感的视锥细胞反应较快,因而明适应过渡时间很短,在最初的 30 s 内进行很快,大约 1～2 min 就能基本上完成。

人眼虽具有适应性的特点，但当视野内明暗急剧变化时，眼睛却不能很好适应，从而会引起视力下降。另外如果眼睛需要频繁地适应各种不同亮度时，不但容易产生视觉疲劳，影响工作效率，而且也容易引起事故。为了满足人眼适应性的特点，要求工作面的光亮度均匀而且不产生阴影；对于必须频繁改变亮度的工作场所，可采用缓和照明或佩戴一段时间有色眼镜，以避免眼睛频繁地适应亮度变化，而引起视力下降和视觉过早疲劳。

2）眩光

当人的视野中有极强的亮度对比时，由光源直射出或由光滑表面反射出的刺激或耀眼的强烈光线，称为眩光。眩光可使人眼感到不舒服，使可见度下降，并引起视力的明显下降。

引起眩光的物理因素主要有：周围的环境较暗；光源表面或灯光反射面的亮度高；光源距视线太近；光源位于视轴上下左右 300 mm 范围内；在视野范围内，光源面积大、数目多；工作物光滑表面（如电镀、抛光、有光漆等表面）的反射光；强光源（如太阳光）直射照射；亮度对比度过大等。

眩光造成的有害影响主要有：使暗适应破坏，产生视觉后像；降低视网膜上的照度；减弱观察物体与背景的对比度；观察物体时产生模糊感觉等，这些都将影响操作者的正常作业。

3）视错觉

人在观察物体时，由于视网膜受到光线的刺激，光线不仅使神经系统产生反应，而且会在横向产生扩大范围的影响，使得视觉印象与物体的实际大小、形状存在差异，这种现象称为视错觉。视错觉是普遍存在的现象，如图 1-2-17~图 1-2-19 所示。在工程设计时，为使设计达到预期的效果，应考虑视错觉的影响。

（a）花瓶错觉

（b）节约时间的暗示

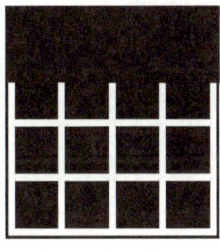
（c）网格错觉

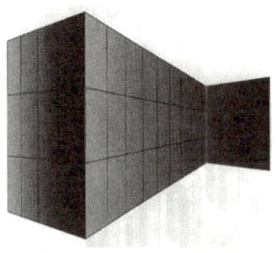
（d）透视错觉

图 1-2-17　视错觉

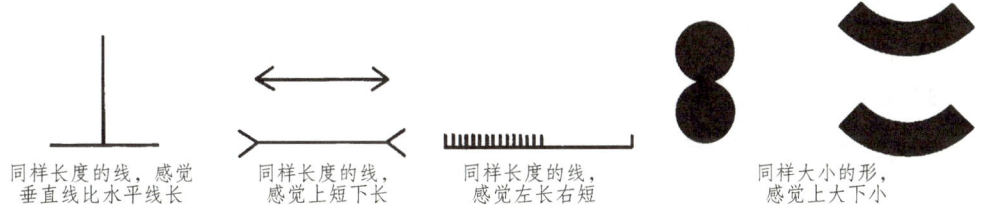

图 1-2-18 几种常见视觉错误

图 1-2-19 三叉错觉和旋转错觉

3. 视觉的运动规律

人们在观察物体时,视线的移动对看清和看准物体有一定规律,掌握这些规律,有利于在工程设计中满足人机工程学的设计要求。

(1)眼睛的水平运动比垂直运动快,即先看到水平方向的东西,后看到垂直方向的东西。所以,一般机器的外形常设计成横向长方形。

(2)视线运动的顺序习惯于从左到右,从上至下,顺时针进行。

(3)对物体尺寸和比例的估计,水平方向比垂直方向准确、迅速,且不易疲劳。

(4)当眼睛偏离视中心时,在偏离距离相同的情况下,观察率优先的顺序是左上、右上、左下、右下。

（5）两眼的运动总是协调的、同步的，在正常情况下不可能一只眼睛转动而另一只眼睛不动；在操作中一般不需要一只眼睛视物，而另一只眼睛不视物。

（6）人眼对直线轮廓比对曲线轮廓更易于接受。

（7）颜色对比与人眼辨色能力有一定关系。当人们从远处辨认前方的多种不同颜色时，其易于辨认的顺序是红、绿、黄、白。当两种颜色相配在一起时，易于辨认的顺序是：黄底黑字，黑底白字，蓝底白字，白底黑字等。

任务三　人的心理特征

人的心理过程特征

人的心理特征可分为心理过程与个性心理两个方面。

一、人的心理过程特征

人的心理过程可以分为认识过程、情感过程和意志过程。在这三个过程中，认识过程是最基本的心理过程，情感过程与意志过程均是在认识过程的基础上产生的。

1. 认识过程

认识过程主要包括感觉、知觉、记忆和思维。感觉和知觉的特性前面已经讲过。

记忆是个复杂的心理过程，它由识记、保持和重现三个环节构成。另外，按照记忆过程的时间特征，记忆又可分为感觉记忆、短时记忆和长时记忆。正是由于外界信息和人自身行为的多样性决定了人的记忆形式也是多样的，如形象记忆、情景记忆、情绪记忆、运动记忆和语义记忆等。

思维是人脑对现实事物间接的和概括的加工形式。思维的基本过程是分析、综合、比较、抽象和概括。思维又可分为动作思维、形象思维、抽象思维三种类型；根据概括思维的全新程度不同，又可将思维分为常规性思维和创造性思维。

2. 情感过程

情感过程是人对外界事物所持态度的体验。情绪与情感是人的需要是否得到满足时所产生的一种对客观事物的态度和内心体验。情绪主要指感情过程，即个体需要与情境相互作用的过程，也就是脑的神经机制活动的过程，如高兴时手舞足蹈、愤怒时暴跳如雷。情感是用来描述具有稳定的、深刻的社会意义的感情。如对祖国的热爱，对敌人的憎恨以及对美的欣赏。

情绪是情感的表现形式，情感是情绪的实质内容。大量的实验研究表明，情绪与安全生产有重要的关系，对人的工作效率和身体健康有重要影响。

3. 意志过程

意志是大脑的机能，表现于人的行动中。人的意志活动的实质，不仅在于意志行动是自学的确定行动的目的，而且在于积极调节行动以实现目的。意志对行为的调节作用表现在激动与抑制两个方面,而意志的行动过程主要体现在决策阶段与执行阶段。另外,意志具有自觉性、坚韧性、果断性和自制力等基本品质,而且意志过程与人的情感过程以及人的认识过程关系密切,它是人的三个基本心理过程之一。

二、人的个性心理特征

所谓个性心理特征,就是个体在社会活动中表现出来的比较稳定的成分,包括气质、能力和性格。

人的个性心理特征

1. 气 质

现代心理学认为,气质是人典型的、稳定的心理特点。这些特点以同样方式表现在对各种事物的心理活动的动力上,而且不以活动的内容、目的和动机为转移。

传统的气质类型分为以下几种:

1)胆汁质

胆汁质的人反应速度快,具有较高的反应性与主动性。这类人情感和行为动作产生得迅速而且强烈,有极明显的外部表现;直率热情,精力旺盛,脾气急躁,刚强,易感情用事;反应迅速,但准确性差;情绪明显表露于外,但持续时间不长。

2)多血质

多血质的人行动具有很高的反应性。这类人情感和行为动作发生得很快,变化得也快,但较为温和;活泼好动,反应迅速、注意转移的速度快,行为外向;容易适应外界环境的变化,善交际,容易接受新事物;注意力容易分散,做事往往缺乏持久性;兴趣多变,情绪易表露,也易变化。

3)黏液质

黏液质的人反应性低。情感和行为动作进行得迟缓、稳定、缺乏灵活性;这类人情绪不易发生,也不易外露,很少产生激情,遇到不愉快的事也不动声色;心情平稳、变化缓慢;心平气和,喜沉思;稳重,但灵活性不足;踏实,但有些死板;善于克制自己,注意稳定但又难于转移;沉着冷静,善于忍耐,但缺乏生气。

4)抑郁质

抑郁质的人有较高的感受性。这类人情感和行为动作进行得都相当缓慢、柔弱;情感容易产生,而且体验相当深刻,隐晦而不外露,易多愁善感,细心谨慎,敏感机智,情感细腻,体验深刻,做事认真仔细;孤僻,情绪兴奋性弱,多忧多思,行动迟缓,顾虑重重,爱独处,不爱交往,面临危险时常感到恐惧。

这种按体液的不同比例来分析人的气质类型的学说具有一定的参考价值。

气质类型没有好坏之分,气质对个人的成就不起决定性作用,不管何种气质,只要品德高尚,意志力强,都能为社会做贡献,在事业上有所建树。根据苏联心理学家研究,俄国著名作家普希金、赫尔岑、克雷洛夫、果戈里就分别属于胆汁质、多血质、黏液质、抑郁质的。相反，品质低劣、意志薄弱不管什么气质都会一事无成。

不同气质的人在不同工作上工作效率是有显著差异的。让张飞杀猪是件轻而易举的事情，若叫林黛玉去卖肉则是强人所难了；反之，若让林黛玉去绣花，则恰如其分，要张飞去当刺绣工，那是用人不当了。因此在选择职业人才时，要考虑人的气质，对于飞行员、宇航员、大型系统调度员、大运动量的运动员，要选择大胆、勇敢、坚强、临危不惧、机智灵敏、坚忍不拔的人，而对于精密计算、医疗、气象、财会、打字员等职业要选择稳重、踏实、沉着冷静、细心谨慎的人。

为达到安全生产的目的，在劳动组织管理中，要充分考虑人的气质特征的作用。进行安全教育时，必须注意从人的气质出发，使用不同的教育手段。例如，强烈批评，对于多血质、黏液质人可能生效；对胆汁质和抑郁质的人往往会产生负作用，因而只能采用轻声细语商量的形式。

从安全工程角度来看，四种不同气质的人都有其优点和弱点。黏液质的人适于做精细而要求有耐心的工作，这种人稳定可靠，注意力集中时间长，有利于安全生产；多血质的人缺乏耐心，从事单调重复的工作容易产生精神不集中，造成产品质量下降或发生事故，不宜在安全上负有重任。抑郁质的人不宜单独操作安全方面的关键设备和工艺过程。

上述这些原则，应在工人培训、选拔人员和分配工作岗位时加以运用。主持安全的专业人员应对操作员的气质和性格有所了解并给予恰当安排。例如，各类车辆（机车、汽车、起重机、卷扬机等）的司机应首先安排黏液质的人担当，以便在生产中从行为角度减少事故发生因素。

在安全教育和安全检查中，并非一定要将某人划归为某类型，而主要是测定、观察每个人的气质特征，以便有针对性地采用不同方式进行有效的教育，从而真正减少生产过程中人的不安全行为造成的事故，实现安全生产的目的。

2. 性　格

性格是人们在对待客观事物的态度和社会行为的方式中，区别于他人所表现出的那些比较稳定的心理特征的总和。

性格的类型就是指一类人身上共有的性格特征的独特结合。对性格如何分类，各说不一，常见的分类有几种。

1）按心理机能分类

依据在性格结构中，理智、情绪和意志何种占优势，而把人的性格分为理智型、情绪型和意志型。

2）按独立或顺从程度分类

依据人的独立性的程度，把人的性格分为独立型和顺从型。

3）按竞争性程度分类

以竞争性把性格类型分为优越型和自卑型。

还有的学者将性格分为冷静型、活泼型、急躁型、轻浮型和迟钝型。前两者中的性格属于安全型,后三种的性格属于非安全型。

性格在个性心理特征中占核心地位,起主导作用。性格的形成有先天的生物学因素影响,受后天的环境,如家庭、社会、学校的影响很大。性格决定人的行为,决定人的思维方式,影响他的社会贡献。

性格与安全生产也有密切的联系,在其他条件相同的情况下,冷静型性格的人比急躁型性格的人安全性强。对工作马虎的人容易出现失误。实践中不少人因鲁莽、高傲、懒惰、过分自信等不良性格,促成了不安全行为而导致伤亡事故。安全心理学家就是要深入挖掘和发扬劳动者的一丝不苟、踏实细致、认真负责的创造精神,提倡劳动者养成原则性、纪律性、自觉性、谦虚、克己、自治等良好性格,良好的性格是安全生产的保障。

作为安全生产管理者要了解和掌握职工的性格特点,针对职工的不同性格特点,进行工作安排。将良好性格的人放在重要的、艰巨的、危险性相对大的工作岗位上。而将非安全型性格的人放在安全性相对大的岗位上。对非安全型性格的人要经常进行教育,培养职工形成良好的性格。

3. 能 力

能力是人顺利完成某种活动所必须具备的心理特征之一。能力作为一种心理特征不是先天具有的,而是在一定的素质基础上经过教育和实践锻炼逐步形成的,素质为能力的形成奠定了物质基础,要使素质所提供的发展能力的可能性变为现实,必须经过教育和锻炼。

由于存在能力的个体差异,劳动组织中如何合理安排作业,人尽其才,发挥人的潜力,是管理者应该重视的。

(1)人的能力与岗位职责要求相匹配。领导者在职工工作安排上应该因人而异,使人尽其才,发挥和调动每个人的优势能力,避开非优势能力,使职工的能力和体力与岗位要求相匹配。这样可以调动职工的劳动积极性,提高生产率,保证生产中的安全。相反,人具有的能力高于或低于实际工作需要都是不合理的。如能力高于实际工作需要,造成人才浪费,引起职工不安心本职工作,产生不满情绪,影响生产,易出事故。如能力低于实际工作需要,无法胜任工作,心理上造成压力,工作上不顺利必然影响作业安全,这也是事故发生的隐患。因此,任用、选拔人才时,不仅要考察其知识和技能,还应考虑其能力及其所长。

(2)团队合作时,人事安排应注意人员能力的相互弥补,团队的能力系统应是全面的,对作业效率和作业安全具有重要的作用。

(3)发现和挖掘职工潜能。管理者不但要善于使用人才,还要善于发现人才和挖掘职工潜能,这样可以调动人的积极性和创造性,使职工工作热情高,心情舒畅,心理得到满足,不但可避免人才浪费,而且有利于安全生产。

（4）通过培训提高人的能力。培训和实践可以增强人的能力，因此，应对职工开展与岗位要求一致的培训和实践，通过培训和实践提高职工能力。

三、人的心理特征与安全生产的关系

1. 注 意

注意是心理活动对一定对象的指向性和集中，对象可以是外部世界的事物和现象，也可以是内向体验。注意是心理活动的一种特性，是伴随一切心理活动而存在的一种心理状态。即心理活动离不开注意，注意也离不开心理活动。

不注意就存在于注意状态之中，它们具有同时性。从生理上、心理上注意力不可能始终集中于一点。不注意的发生是必然的生理和心理现象，不可避免。

自动化程度越高，监视仪表等工作最容易发生不注意。预防不注意产生差错的方法如下：

（1）建立冗余系统，为确保操作安全，在重要岗位上，多设1~2个人平行监视仪表的工作；

（2）为防止下意识状态下失误，在重要操作之前，如电路接通或断开、阀门开放等采用"指示唱呼"，对操作内容确认后再动作；

（3）改进仪器、仪表的设计，使其对人产生非单调刺激或悦耳、多样的信号，避免误解。

2. 情 绪

过高和过低的情绪激动水平，使人的动作准确度降至50%或以下，注意力无法集中。

在实际工作中表现出来的有如下几种不安全情绪：

（1）急躁情绪：人的情绪状况发展到引起人体意识范围变狭窄，判断力降低，失去理智力和自制力，心血活动受抑制等情绪水平失调呈病态时，极易导致发生不安全行为。

（2）烦躁情绪：表现沉闷，不愉快，精神不集中，心猿意马，严重时自身器官往往不能协调，更谈不上与外界条件协调一致。

情绪影响行为，一定的行为也要求一定的情绪水平与之相适应。不同性质的劳动要求不同的情绪水平。从事复杂劳动或抽象劳动时要求情绪激动水平较低，这样才有利于安全操作和发挥劳动效率。脑力劳动时心平气和才有利于思考。不安静的环境刺激人的情绪，使之激动，是不利于精细工作和脑力劳动的。从事快速、紧张的劳动，如兴修水利等，较高的情绪激动水平有利于发挥劳动效率，可播放欢快的乐曲鼓动生产情绪。应当指出，设备复杂、多工种作业的冶金厂等，车间内不应播放音乐和口号，以免造成干扰，影响安全生产。

安全检查表中有一栏目，调查工人有无家庭纠纷、打架、赌气等事件发生。如工人情绪受影响较大，可采取换班休息、谈话等方式，避免工人带着沉重的情绪进入操作岗位。实践证明，这是行之有效的安全措施。

3. 需要和动机

需要是人参与社会行动的基础，动机则是促使人活动的原因。

美国心理学家马斯洛在1943年发表的《人类动机理论》一书中提出了需要层次论，已由原来的五阶段模型扩大为八阶，如图1-2-20示。他认为，人的需要由低级到高级依次分为生理需要、安全需要、归属和爱的需要、尊重和自我实现的需要和超越需要。生理需求是人们最原始、最基本的需要，如吃饭、穿衣、住宅、医疗等，若不满足，则有生命危险。这就是说，它是最强烈的不可避免的最底层需要，也是推动人们行动的强大动力。安全需求要求劳动安全、职业安全、生活稳定、希望免于灾难、希望未来有保障等。安全需要比生理需要较高一级，当生理需要得到满足以后就要保障安全的需要。

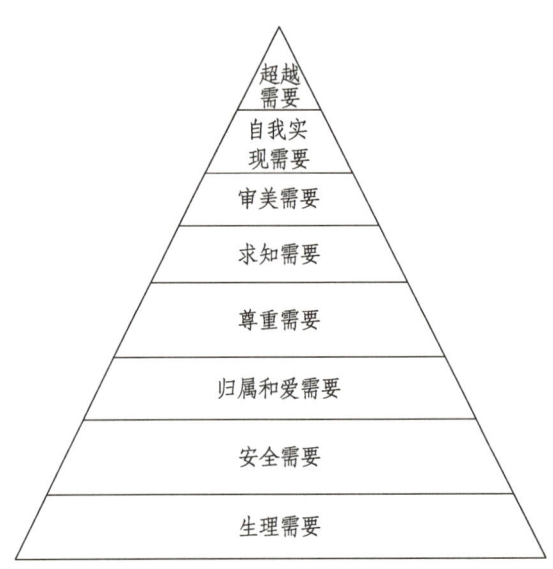

图1-2-20　马斯洛提出的需要层次论

人对安全的需要随着社会的进步也越来越高。安全需要得不到满足，会对其较高级需要的产生和发展产生影响，也就是会影响人们社会交往、对社会的贡献及社会的安定与发展。因此安全管理者应从安全对社会发展影响的较高层次上看到安全工作的重要性，努力搞好安全工作，满足劳动者的基本需求。

由于需要的多样性决定了人们动机的多样性。按需要的种类分类，可以把动机分为生理性动机和社会性动机；根据动机内容的性质分为正确的动机与错误的动机，高尚的动机与低级、庸俗的动机；根据各种动机在复杂活动中的作用大小，分为主导性和辅助性动机；从动机造成的后果，分为安全性动机和危险性动机。

自我实现的需要越强烈，目标越高，对安全的需要也更敏感。

4. 态度

态度的形成主要受三种因素的影响，即知识（信息）、需要和团体的规定或期望。知识或信息，主要来自父母、同事和社会生活环境；需要，欢迎态度，相反则不然；团体的规定或期望，一般说来个人的态度要与他所属的集体的期望和要求相符合，属于同一集体的人，他们的态度较类似，团体的规定是一种无形的压力，会影响同一团体的成员。

人们对安全工作的态度对安全工作具有重大影响，在安全管理中，应通过宣传、教育、团体作用使工人对安全工作持有的态度不仅是正确的，而且要达到内化的程度。

5. 不安全的心理状态

1）侥幸心理

侥幸心理是许多违章人员在行动前的一种重要心态。把出事的偶然性绝对化，在现实工作中，抱有侥幸心理的人时有所见。常见的有以下两种表现。

（1）不是不懂安全操作规程、缺乏安全知识、技术水平低，而是"明知故犯"。

（2）违章不一定出事，出事不一定伤人，伤人不一定伤己。

在研究分析事故案例时发现，明知故犯的违章操作占有相当比例。例如，2013年3月26号上午，沙坪坝梨树湾一个小区，某女士抱着1岁的孩子在看幼儿园做操，突然一辆小轿车在小区道路急速转弯，加速撞向路边的人，大人被撞，孩子从母亲手上飞出，当场死亡。驾驶该汽车的司机抱着一种侥幸心理在小区内急速行驶，结果酿成了悲剧。

2）惰性心理

惰性心理也称为"节能心理"，是指在作业中尽量减少能量支出，能省力便省力，能将就凑合就将就凑合的一种心理状态，也是懒惰行为的心理依据。常见的有以下两种。

（1）干活图省事，嫌麻烦。

（2）节省时间，得过且过。

3）麻痹心理

麻痹大意是造成事故的主要心理因素之一。行为上表现为马马虎虎，大大咧咧，口是心非。盲目自信。常见的有以下几种表现。

（1）盲目相信自己的以往经验，认为技术过硬，保准出不了问题。

（2）以往成功经验或习惯的强化，多次做也无问题，我行我素。

（3）高度紧张后精神疲劳，产生麻痹心理。

（4）个性因素，一贯松松垮垮，不求甚解。自以为绝对安全。

（5）循环守旧，缺乏创新意识。

4）逆反心理

逆反心理是一种无视社会规范或管理制度的对抗性心理状态，一般在行为上表现为"你让我这样，我偏要那样；越不许干，我越要干"等特征。对抗性心理状态分为两种。

（1）显现对抗：当面顶撞，不但不改正，反而发脾气，继续违章。

（2）隐性对抗：表面接受，心理反抗，阳奉阴违，口是心非。

5）逞能心理

争强好胜本来是一种积极的心理品质，但如果它和炫耀心理结合起来，且发展到不恰当的地步，就会走向反面。有以下两种常见表现。

（1）争强好胜，积极表现自己，能力不强但自信心过强，不思后果、蛮干冒险作业。

（2）长时间做相同冒险的事，无任何防护，终有一失。

6）冒险心理

冒险也是引起违章操作的重要心理原因之一。可分为以下两种。

（1）理智性冒险。明知山有虎，偏向虎山行。

（2）非理智性冒险。受激情的驱使，有强烈的虚荣心，怕丢面子，硬充大胆。

7）从众心理

从众心理是人们在适应群体生活中产生的一种反映，不从众则感到是一种社会精神压力。由于人们的从众心理，不安全的行为和动作很容易被仿效，这种从众心理严重地威胁着安全生产。因此，要大力提倡、广泛发动工人严格执行安全规章制度，以防止从众违章行为的发生。

习 题

（一）单选题

1. 人的感觉印象最多的来自（　　）。
① 耳朵　　　　② 眼睛　　　　③ 嗅觉　　　　④ 其他感官

2. （　　）是由瞳孔中心到被观察物体两端所张开的角度。
① 视力　　　　② 视角　　　　③ 视野　　　　④ 视平面

3. 下列（　　）不属于不安全心理状态。
① 逆反心理　　② 侥幸心理　　③ 省能心理　　④ 胆怯心理

（二）简答题

1. 某地区人体测量的女性身高均值 = 1 582 mm，标准差 = 59.7 mm，求这个地区女性身高第 95%、第 90% 及第 80% 的百分位数？

2. 已知某地区男性身高第 95% 的百分位数 x_α = 1 734.27 mm，标准差 s = 55.2 mm，均值 x = 1 686 mm，求变换系数。利用此变换系数求适用于该地区男性穿的鞋子长度值。（该地区男性足长均值 x = 26.40 mm，标准差 s = 4.56 mm）

3. 人体生理学参数测量的内容有哪些？并从中举一例说明与安全生产的关系。

4. 人的视觉和听觉各有哪些特征？

5. 人的反应时间有哪些特点？怎样才能缩短人的反应时间？
6. 何谓注意？有哪些特征？
7. 个性心理特征包括哪些方面？
8. 情绪激动水平与安全生产水平有什么关系？
9. 违章作业处于何种心理状态？
10. 不安全的心理状态有哪些？

项目三 人的作业特性

人-机-环境系统的功能是通过人的作业输入来实现的，人的作业能力取决于人的能量代谢和劳动强度的匹配程度，正确地预防作业疲劳是保障人的作业能力的基础。为什么会出现工作压力大、过度疲劳等情况？如何提高作业能力和降低疲劳呢？项目三将给予解答。本项目将从作业过程中人的能量代谢、作业疲劳规律分析等方面系统地分析人的作业特性，结合劳动强度测定，合理设置作业强度，提出改善和消除人的作业疲劳的措施，从而提高人的作业能力。

知识目标

1. 了解作业过程中人体能量代谢的基本知识。
2. 熟悉体力劳动强度分级指标，掌握能量代谢的测定计算方法。
3. 掌握作业疲劳分类及其产生的原因，能够制定预防作业疲劳措施。

能力目标

1. 能够开展人体能量代谢测定。
2. 根据人的作业特性，能够对典型作业进行安全人机系统优化设计。
3. 能够制定预防作业疲劳的作业管理方案。

素质目标

1. 引导学生树立正确的生命观，尊重生命、热爱生命，增强学生的责任感。
2. 培养学生的自我调节、挫折承受的能力，提高学生的社会适应性。

任务一 作业过程中人的能量代谢

在物质代谢过程的同时发生着能量释放、转移、贮存和利用的过程，称为能量代谢。

作业过程中人的能量代谢

一、劳动时的能量来源

糖是人体的主要能源。人体所需能量约有70%由糖的分解代谢来提供。脂肪则起着储存和供应能量的作用。蛋白质是人体组织的主要成分。糖和脂肪在体内经生物氧化后生成二氧化碳和水，同时产生能量。

人体摄入的物质（糖、脂肪、蛋白质）在体内氧化分解，同时释放能量。能量中约有一半是热能，用以维持体温并不断地向体外散发；另一部分以化学能的形式贮存于三磷酸腺苷（ATP）内，ATP分解时放出能量，供应合成代谢和各种生理活动所需的能量。机体活动的大部分能量来源于三磷酸腺苷，例如，肌肉收缩，神经肌肉生物电现象中的离子转运，各种腺体分泌和消化管细胞各种物质的运动等。这些化学能除肌肉收缩对外做功以外，其余部分被机体利用后最终仍然转变为热能散于体外。对外做功也可折算为热量，所以，机体每天消耗的能量都可用热量单位千焦（kJ）表示。

ATP生成后，除直接为各种生理活动提供能量外，还可以把它的高能磷酸键转移给肌酸，生成磷酸肌酸（CP）。CP是机体内的贮存库，多含于肌细胞内，其贮存量是ATP的5倍。每当细胞内ATP消耗时，即由CP生成新的ATP加以补充，使ATP在细胞内的量保持恒定。脑力劳动时上述的补充足够了，但体力劳动时单纯靠CP分解用以产生ATP就不够。

人的劳动，从生理学角度来说，是体力劳动和脑力劳动相结合进行的，不过不同的工作，体脑劳动有所侧重而已。由于骨骼肌约占体重的40%，故体力劳动的消耗较大。

体力劳动时，骨骼肌活动的能量有以下三个途径供给。

（一）ATP-CP系列

肌肉所需的能量是由肌细胞里的三磷酸腺苷（ATP）迅速分解而直接提供的。但是肌肉中ATP的贮存量很少，由磷酸肌酸（CP）分解及时补充，故名ATP-CP系列。

（二）需氧系列

肌肉中CP甚少，只能供肌肉活动几秒至1 min，因此需从糖类和脂肪的氧化分解来提供ATP，即需要氧的参与才能进行，所以叫需氧系列。

（三）乳酸系列

在大强度劳动时，ATP的分解非常迅速，需氧系列受到供氧能力的限制，不能满足肌肉活动的需要。这时，要依靠无氧糖酵产生乳酸来提供能量。虽然1个分子葡萄糖在乳酸系列中只产生2个分子ATP，但其速度比需氧系列快32倍，所以可迅速提供较多的ATP。这个系列活动不能持久。

二、能量代谢

能量代谢分为基础代谢、安静代谢和劳动代谢。

（一）基础代谢

维持生命所必须消耗的基础情况下的能量代谢量叫基础代谢量。所谓基础代谢率

(Basal Metabolic Rate,BMR)是指人在进餐 12 h 后,在清晨清醒地静卧于 18 ℃ ~ 25 ℃ 环境中,并保持神经松弛,体位安定,各种生理活动维持在较低水平下的代谢率。这时,能量代谢率不受肌肉活动、精神紧张、消化及环境温度等的影响。

基础代谢率是用每平方米体表面积、每小时的产热量来计算的,单位是 $kJ/(m^2 \cdot h)$(千焦/平方米·时)。我国正常基础代谢率的水平列于表 1-3-1。

基础代谢量与体重不呈直接相关的关系,而与人体表面积呈比例关系。

表 1-3-1　中国人基础代谢率的水平　　　　　单位：$kJ/(m^2 \cdot h)$

年龄/岁	11 ~ 15	16 ~ 17	18 ~ 19	20 ~ 30	30 ~ 41	41 ~ 50	>50
男性	195.2	193.1	165.9	157.6	158.4	153.8	148.5
女性	172.2	181.4	153.8	146.3	146.7	142.1	138.4

(二) 安静代谢

安静代谢是指人仅为保持身体平衡及安静姿势所消耗的能量代谢量。一般在工作前或后进行测定。安静代谢率一般取为基础代谢率的 1.2 倍。

(三) 劳动代谢

劳动代谢量是指人在工作或运动时的能量代谢量。作业时的能量消耗量是全身各器官系统活动能耗量的总和。最紧张的脑力劳动的能量代谢量不会超过安静代谢量的 10%,而肌肉活动的能耗量却可高出基础代谢的 10 ~ 25 倍。它和体力劳动强度直接相关,对研究劳动管理(工资、定额、制度等)和劳动卫生学都是极为重要的。

三、能量代谢率

由于人的体质、年龄和体力等差别,从事同等强度的体力劳动所消耗的能量则因人而异,这样就无法用能量代谢量进行比较。为了消除个人之间的差别,采用劳动代谢量和基础代谢量之比来表示某种体力劳动的强度。这一指标称为能量代谢率(Relative Metabolic Rate,RMR)。

$$RMR = (劳动时总能耗量 - 安静时能耗量)/基础代谢量$$

在同样条件、同样劳动强度下,不同的人劳动代谢量虽然不同,但劳动代谢率是基本相同的。表 1-3-2 给出 RMR 的一般实测值,有助于建立联系实际的概念。

表 1-3-2　实测的 RMR 表

活动项目	动作内容	RMR
睡眠		基础代谢率×90%
整装	洗脸、穿衣、脱衣	0.5
扫除	扫地、擦地	2.7

续表

活动项目	动作内容	RMR
扫除	扫地	2.2
	擦地	3.5
做饭	准备	0.6
	做饭	1.6
	饭后收拾	2.5
运动	广播体操的运动量	3.0
用餐、休息		0.4
上卫生间		0.4
步行	慢走散步（45 m/min）	1.5
	一般速度（71 m/min）	2.1～2.5
	快走（95 m/min）	3.4～4
	跑步（150 m/min）	8.0～8.5
上、下班	骑自行车（平地）	2.9
	乘汽、电车（坐着）	1.0
	乘汽、电车（站着）	2.2
	乘轿车	0.5
楼梯	上楼时（46 m/min）	6.5
	下楼时（50 m/min）	2.6
学习	念、写、看、听（坐着）	0.2
笔记	用笔记录（一般事务）	0.4
	记账、算盘计算	0.5

任务二　劳动强度及其分级

一、劳动强度

劳动强度及其分级

劳动强度为作业中人在单位时间内做功和机体代谢能力之比。我们日常所说的轻、重劳动是另有含义的。如作业密度高，作业虽少但劳动量较大；或者作业强度虽不大、不费力气，但是站着作业（如教师、营业员、理发师、厨师等）；或者是作业姿势是强制的，精神非常紧张等，都会被评为重劳动或劳累的工作。

(一)静力作业

主要是依靠肌肉的等长性收缩来维持一定的体位身体和四肢关节保持不动时所进行的作业。

当肌肉的等张力收缩的肌张力在最大随意收缩的 20% 以下时，不管此时参与的肌肉有多少，只要收缩的张力是相对稳定的，这种静力作业就可以维持较长的时间。

静力作业的特征是能耗水平不高，但却容易疲劳。

(二)动力作业

动力作业是靠肌肉的等张性收缩来完成作业动作的，即经常说的体力劳动。

二、劳动强度的分级

劳动强度的大小可以用耗氧量、能消耗量、能量代谢率及劳动强度指数等加以衡量。

(一)国际劳工局分级标准

一种划分劳动强度的方法是基本按氧耗量划分为 3 级：中等强度作业、大强度作业和极大强度作业。

中等强度作业，氧需不超过氧上限。中等强度又分为 6 级：很轻、轻、中等、重、很重和极重 6 级。

(二)我国分级标准

我国体力劳动强度分级如表 1-3-3 所示。

表 1-3-3 我国体力劳动强度分级

劳动强度指数(I)	级别	程度
≤15	Ⅰ	轻
16≤I<21	Ⅱ	中
21≤I≤25	Ⅲ	重
>25	Ⅳ	过重

GBZ 1—2010《工业企业设计卫生标准》规定了我国的体力劳动强度分级方法。

1. 体力劳动强度分级

体力劳动强度分级采用体力劳动强度指数(I)为分级指标，将体力劳动强度分为四级。

2. 劳动强度指数 I 的计算

劳动强度指数 I 计算公式如式（3-1）所示。

$$I = M \times 10 \tag{3-1}$$

式中，I——体力劳动强度指数；

M——8小时工作日平均能量代谢率[单位：kcal/（min·m²），1 kcal = 4.18 kJ]。

下同，M 用式（3-2）计算：

$$M = \frac{1}{T_a} \sum_{i=1}^{n} A_{y_i} A_{t_i} \tag{3-2}$$

式中，A_{y_i}——同类活动能量代谢率[单位：kcal/（min·m²）]；

A_{t_i}——同类活动时间（单位：min）；

T_a——工作日总时间（单位：min）。

按表1-3-3的分级标准，8小时工作日内平均散热量（能量消耗）为

Ⅰ级：110 kcal/(h·人)

Ⅱ级：170 kcal/(h·人)

Ⅲ级：220 kcal/(h·人)

Ⅳ级：300 kcal/(h·人)

三、劳动强度的测定

能量代谢率的测定方法主要有工时记录表、平均能量代谢率（M值）和各劳动项目的能量代谢率的测定等方法，我们主要介绍各劳动项目的能量代谢率的测定。能量代谢率测定方法和步骤如下：

（一）工时记录表

每天选择受测工种工人1~2名自上班至下班跟随记录其从事各项活动和休息的起止时间，连续（或间断）测定3天，取3天的平均值。如遇生产不正常或发生事故时，不作为正式记录。工时记录表的格式见表1-3-4。

表1-3-4 劳动工时记录

动作名称	开始时间/（小时：分）	占用时间/min	备注

（二）平均能量代谢率（M值）

根据表1-3-4将各种操作归类（近似的活动归为一类），休息为一类。再计算出各项活动与休息在一个工作日内累计占用时间。然后分别测定各项活动和休息时的能量代谢率，再乘以相应的工作日累计占用时间，最后计算工作日总能量消耗值。各项工种和休息能量消耗如表1-3-5所示。

表 1-3-5　工种能量消耗统计表

劳动项目	平均能量代谢率 /kcal·min^{-1}·m^{-2}	工作日占用工时 /min	能量消耗值 /kcal·m^{-2}
走路	1.000	40	40
搬运	3.400	100	340
清砂	2.000	60	120
装车	2.500	40	100
卸车	2.000	90	180
杂活	1.200	30	36
休息	0.900	120	108
合计	—	480	924

平均能量代谢率（M）可由表 1-3-5 的测定结果利用能量代谢率公式计算获得，即

$$\text{平均能量代谢率}(M) = 924/480 = 1.925 \text{ kcal/(min·m}^2)$$

代入劳动强度指数 I 计算公式（3-1）得

$$I = 1.925 \times 10 = 19.25$$

按表 1-3-3 分级，该工种劳动强度为 Ⅱ 级。

（三）各劳动项目的能量代谢率（M 值）的测定

在操作者从事该项操作 5 min 后，给受试者戴上肺通气量计的采气口罩（务要严紧，保证不漏气），启动开关采集操作时呼出气，一般可采气 2~5 min，关闭采气开关记录肺通气量，再根据计算公式计算能量代谢率。每项操作要采测 5~10 个样品（5 个样品最好在不同人身上完成，如受条件所限也可在同一人身上重复多次）取平均值（按表 1-3-6 所示记录表要求操作）。

表 1-3-6　能量代谢测定记录表

```
工种                  操作项目名称              时间              年     月     日
姓名                  性别                      年龄              身高              cm
体重           kg                               体表面积          cm²
肺通气量       L/min                            标准状态气体量                    L/min
每平方米、每分钟肺通气量（x）                    L/(min·m²)
能量代谢率（Ye）                                 kcal/(min·m²)
    代入公式：lgYe = 0.094 5x − 0.537 94                                      （1）
              log(13.26 − Ye) = 1.164 8 − 0.012 5 x                          （2）
肺通气量为 3.0~7.3 L/(min·m²) 时采用公式（1）
肺通气量为 8.0~30.9 L/(min·m²) 时采用公式（2）
肺通气量为 7.4~7.9 L/(min·m²) 时采用公式（1）+（2）的平均值
体表面积（m²）= 0.061 × 身高（cm）+ 0.012 8 × 体重（kg）− 0.152 9
```

根据表 1-3-6 计算出的 Ye 值，按表 1-3-7 归纳，计算各单项操作（包括休息）平均能量代谢率[kcal/(min·m^2)]，再将其纳入表 1-3-6 中进一步计算。

表 1-3-7　单项操作平均能量代谢率统计率

样品号	操作名称					
	搬运	清砂	卸车	装车	走路	休息
1						
2						
3						
4						
5						
6						
7						
8						
9						
10						
平均						

任务三　作业疲劳及其分类

作业疲劳及其分类

作业疲劳是作业研究的一个重要内容，因而也是人机学及工效学的主要研究内容。运用劳动生理学和心理学的原理研究作业疲劳及疲劳的恢复，保障工人健康和作业安全，从而充分发挥作业人员的主动性和积极性，提高劳动生产率。

一、作业疲劳

疲劳是一个很难准确解释的概念，迄今尚无统一的确切定义。常见的有下述两种说法：一种定义为疲劳，就是作业者在作业过程中产生作业机能衰退，作业能力明显下降，并有时伴有疲倦等主观症状的现象；另一种定义为人体内的分解代谢和合成代谢不能维持平衡。

作业疲劳是劳动生理的一种正常表现，它起着预防机体过劳的警告作用。从正常作业状态到主观上出现疲劳感直到完全筋疲力尽有一个时间过程。疲劳程度的轻重取决于劳动强度的大小和持续劳动时间的长短。

心理因素对疲劳感的出现也起作用。对工作厌倦、缺乏认识和兴趣而不安心工作，极易出现疲劳感；相反，对工作具有高度兴趣和责任感或有所追求，则在生理疲劳很长时间以后才会有疲劳感。

二、疲劳的类型

疲劳不仅是生理反应，而且还包含着大量的心理因素、环境因素等。通常，疲劳可分为6种类型。

个别器官疲劳，如计算机操作人员的肩肘痛、眼疲劳；打字、刻字、刻蜡纸工人的手指和腕疲劳等。

全身性疲劳，全身动作，进行较繁重的劳动，表现为全身肌肉关节酸痛、困乏思睡、作业能力下降、错误增多、操作迟钝混乱、甚至打瞌睡等。

智力疲劳，长时间从事紧张脑力劳动引起的第二信号系统活动能力的减退，表现为头昏脑胀、全身乏力、肌肉松弛、嗜睡或失眠等。

技术性疲劳，常见于体力脑力并用的劳动，如驾驶汽车、收发电报、飞机的驾驶作业以及操作半自动化生产线设备时都易出现这种疲劳现象。

心理性疲劳，多是由单调的作业内容引起的。例如，监视仪表的工人，表面上坐在那里悠闲自在，实际上并不轻松。信号率越低越容易疲劳，使警觉性下降。这时的疲劳并不是体力上的，而是大脑皮层的一个部位经常兴奋引起的抑制。

除此以外，还有周期性疲劳。根据疲劳出现的周期长短，又可分为年周期性疲劳和月、周、日的周期性疲劳。这种疲劳出现的周期越长，越具有社会因素和心理因素的影响。例如，工人在春节休假后刚上班的头几天，作业能力总是低水平的，而且主观上有明显的疲劳感。期末考试以后，学生有疲劳感。

三、疲劳的显现规律

最显而易见的是，青年作业人员作业中产生的疲劳较老年人小得多，而且易于恢复。这很容易从生理学上得到解释，因为青年人的心血管和呼吸系统比老年人健康许多，供血、供氧能力强。某些强度大的作业不适于老年人。

疲劳可以恢复。年轻人比老年人恢复得快。体力上的疲劳比精神上的疲劳恢复得快。心理上造成的疲劳常与心理状态同步出现、同步消失，所以对于厌烦工作的人采取必要的规劝、批评教育和处分的措施是必要的。

疲劳有一定的积累效应，未完全恢复的疲劳可在一定程度上继续存在到次日。我们在重度劳累之后，第二天还感觉到全身无力，不愿动作，就是积累效应的表现。

人对疲劳也有一定的适应能力。例如，连续工作一段时间，反而不觉得累了，这是体力上的适应性。

在生理周期中（如生物节律低潮期、月经期）发生疲劳的自我感受较重，相反在高潮期较轻。

环境因素直接影响疲劳的产生、加重和减轻。例如，噪声可加重甚至引起疲劳，而优美的音乐可以舒张血管、松弛紧张的情绪而减轻疲劳。所以在某些作业过程中，休息时间和班后听音乐是很值得提倡的。

工作的单调是疲劳的一个重要因素，尤其在现代形形色色的作业流水线开发之后，依附于流水作业的人员，周而复始地做着单一的、毫无创造的、重复的工作。这种没有兴趣的"机器人"作业，使人易于厌烦、疲劳。从生理上分析，公式化的单调动作，使人容易产生局部疲劳。如美国心理学家格雷曾说："工作的枯燥无味，使美国工业每年损失 400 万美元，它们中间许多不是不可避免的。"

【案例】疲劳导致事故

某厂 40 t 冲床正在冲制零部件。由于任务比较紧张，冲床操作工王某已连续 7 天，每天从早晨上班一直干到晚上 7 点半下班。第 7 天时，她的体力已明显下降，头脑昏昏沉沉，手脚的协调性也比平时差了。但是，为了完成任务王某还是继续上机操作。到了下午 2 时，她的操作节奏突然发生紊乱，安放工件的手还未离开，竟下意识地踏下了开关。冲头迅速落下，将她的右手中指、无名指、小指压在工件与冲床台面之间，造成三指断裂。

显而易见，工伤事故的发生是与疲劳密切相关的，因此管理者必须重视因疲劳而引起的伤害问题，采取积极、有效的消除疲劳的措施。

任务四　疲劳的改善与消除

一、疲劳与安全

常见疲劳引发的事故

作业疲劳可使作业者产生一系列精神症状、身体症状和意识症状，这样就必然影响到作业人员的作业行为。疲劳很容易引起事故，常见的与疲劳有关的事故如下。

（一）睡眠休息不足、困倦引起的事故

这类事故多见于夜班或长时间作业未得到休息的情况，多为技术性作业事故。如某矿的卷扬机司机，白天休息不充分，夜班时打盹，开动卷扬机后即进入半睡眠状态，造成过卷事故，拉断钢绳，坠入井底。又如某私家车司机昼夜连续行车，最后困倦不支，车辆失去控制，坠入公路桥下，车毁人亡。类似事故不胜枚举。

因为坐位技术性作业者更易因困倦而入睡，在极度疲劳和困倦时，往往无法自我控制。

（二）疲劳心理作用

疲劳常造成心绪不宁，思想不集中，心不在焉，对事物反应淡漠、不热心，视力听力减退等。如某建筑工地拆除方形脚手架，事先约定，上部每扔下三根木杆，下部人员进入脚手架下抽取木杆一次。但是因下部作业的工人上班前通宵赌博，过度疲劳，精神恍惚，工作几个周期后下部没有反响，上部作业人员下来才发现下面的工人已被脚手杆打死。

(三)反应和动作迟钝引起的事故

疲劳感越强,人的反应速度越慢,手脚动作越迟缓。某钢厂厂区内铁路纵横交错,道口很多。疲劳状态下的工人在下班途中或作业中常不能敏锐地觉察侧面和后面来车,因而引起伤亡事故。如一次调车将正在操作没有觉察与躲避的操作工轧倒致死。又如某矿井,三名工人因疲劳靠在矿定处休息,突然矿壁塌落,一名坐着休息的工人被砸死,两名立位工人受重伤。一方面是因为疲劳,没有正确选择休息地点;另一方面是因为疲劳后感官敏感度下降,不能及时觉察塌落预兆。

(四)重体力劳动的省能心理

重体力劳动常给作业人员造成一种特殊的心理状态——省能心理,反映在作业动作上,常因简化而违反操作规程。例如,某机械厂作业空间有限,条件恶劣、照明不良、噪声水平过高等,走进工作场所,已感几分疲倦,所以在动作上,常是粗放、简单地搬运,移动设备时往往抛上摔下。

(五)疲劳与机械化程度

历史地分析事故发生率,可以发现:手工劳动时期事故率低,高度机械化、自动化作业事故率也较低;半机械化作业事故率最高,其中包含许多人机学问题。半机械化作业时,人必须围绕机械进行辅助作业,由于人比机械力气小、动作慢,所以往往用力较大造成疲劳,再加人机界面上存在问题就会导致事故发生。例如,鞍山市(包括鞍钢)1984—1987年4年间的死亡事故中,70%属于半机械化作业。具体事故多在人机配合上,作业人员奋力强作、力所不及情况下发生事故。

(六)环境因素加倍疲劳效应

例如,各工业部门在高温季节(七八月份)事故发生率较高;室外作业则在寒冷季节事故率增大。图1-3-1是某大钢铁企业30年来事故率随气温和月份变化的统计图。

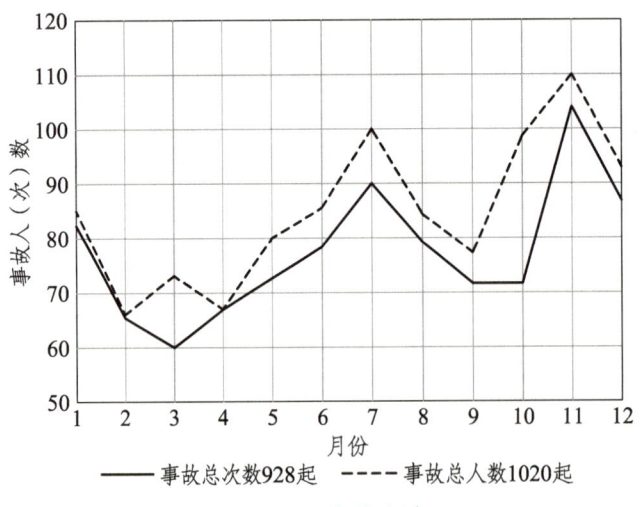

图1-3-1 事故统计

二、疲劳的改善与消除

在目前的发展水平上,疲劳发生在很多的作业岗位上,机械化、自动化的进步可以消灭许多笨重体力劳动,从而消除了笨重体力劳动造成的重度疲劳。但是看管监测仪表、计算机作业等又带来新类型的疲劳,这正是人机工程学研究的课题。

疲劳的改善与消除方法

从改善工作条件,保证工人健康,更重要的是保证安全生产的角度出发,如何减轻疲劳、防止过劳,则是安全人机工程学应研究讨论的重要内容。

(一)提高作业机械化和自动化程度

提高作业机械化和自动化程度是减轻疲劳和提高作业安全可靠性的根本措施。

事故统计资料表明,笨重体力劳动较多的基础工业部门,如冶金、采矿、建筑、运输等行业,劳动强度大,生产事故较机械、化工、纺织等行业均高出数倍至数十倍。死亡事故数字统计说明,我国机械化程度较低的中等煤矿事故死亡人数和美国50年代机械化程度相当的煤矿的数字是相近的。而目前美国矿井下,由于机械化水平很高,只有机械化程度较低的顶板管理中事故居首位。各国发展的趋势,都倾向于由机器人去完成危险、有毒和有害的工作。这些都说明:提高作业机械化、自动化水平,是减少作业人员、提高劳动生产率、减轻人员疲劳、提高生产安全水平的有力措施。

(二)加强科学管理改进工作制度

1. 工作日制度

工作日的时间长短取决于很多因素。最理想的是工人自己在完成任务条件下,掌握作业时间。例如,云南某公司井下工人,作业分散,但是却受到放射性辐射的危害。在现有生产条件下,保证完成任务后就可下班,实际生产时间只有3~5 h(规定为6 h)。

2. 劳动强度与作业率

劳动强度越大,劳动时间越长,人的疲劳就越重。一定的劳动强度,相应地只能坚持一定的时间。所以,劳动强度越大,工作时间应越短,休息时间应越长。经验表明,RMR≤2,可保持稳态工作6 h;RMR = 3.6的作业,可持续80 min;RMR = 7.0的作业,则工作10 min就须休息。有必要对不同劳动强度的作业时间,给予科学的评价和规定,使人得到宽裕时间从而消除疲劳,以便再次作业。

鞍钢劳动卫生研究所对疲劳消除所做的现场试验说明,以能量代谢的大小计算疲劳的消除时间最为恰当。消除时间如式(3-3)所示。

$$T = 0.02(M-3)1.2 \times t1.1 \qquad (3-3)$$

式中,T——消除时间(单位:min);

M——能量代谢值[单位:kJ/(min·m^2)];

t——纯劳动时间(单位:min)。

根据经验，RMR 超过 10 的作业应采用机械化、自动化设备来完成；RMR>4 应给予必要的间歇休息时间；RMR<4 可持工作，但工作日内的平均 RMR 值不应大于 2.7。因此，制定科学的工作时间表，使作业和休息合理地交叉起来是必要的。

（三）工作时间及休息时间

事故是生理、心理和生产条件等不良因素综合作用的结果，而不是过程。一个事物的发展总是从量变到质变。在事故发生之前，已经具备事故发生的各种条件，疲劳就是重要条件之一。

疲劳表现的形式之一就是工作效率下降。如图 1-3-2 所示，工作效率在工作日内的变化曲线说明：工作开始阶段有个适应过程，人体逐渐发挥出最大能力；经过一段稳定的高效率以后又会下降；午休后又有所上升，但不如上午。

因此应给作业人员一定的宽裕时间，工作时间内的作业率不宜太高。一直不休息，作业人员也会自行调节，做些次要工作，缓解作业的紧张。这样做不如有意识地组织休息时间，选择休息方式更为积极有效。

意大利医学家拉马兹尼研究发现，工作间隙中多次主动进行短期的休息，比一次长的休息好处更多。工作时间适度或适当减少，能使工人聚精会神，努力工作，产量反而提高。每次小休时间不宜过长和过短。一般中等强度作业，上、下午中间各安排一次 10～20 min 的休息是适当的。

某科学家做过试验，让受试者用手臂拉力器试验，拉力为 134 N，每拉 14 次休息 10 min 为周期，一直到精疲力尽；另外试验每周期休息 2 min，结果效率相悬殊，如图 1-3-3 所示，这说明了必要的休息时间的重要性。

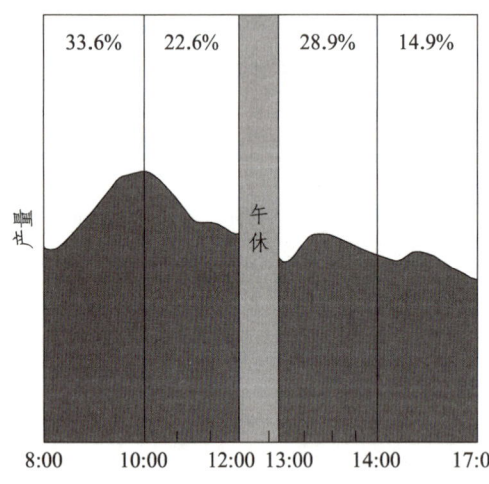

图 1-3-2　工人一天工作效率曲线

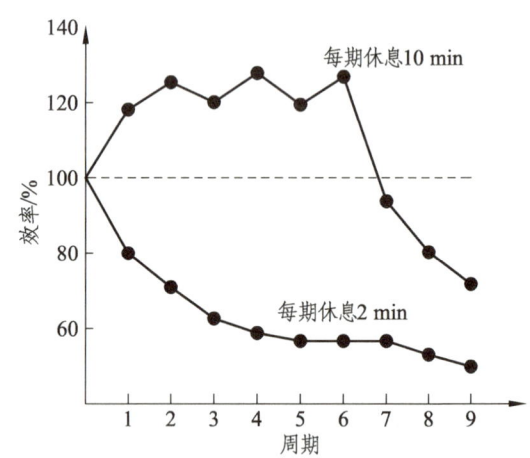

图 1-3-3　不同休息制度对工效的影响

（四）休息方式

工间休息方式可以多种多样。体力劳动强度大的以静止休息为主，但也应做些有上下肢活动、背部活动的体操，以利于消除疲劳。对注意力集中和感觉器官紧张的工作，更应采取积极休息的方式，如工间操、太极拳运动等；计算机操作人员、仪表监视人员在休息时，播放轻松愉快的音乐和歌曲更有利于消除精神疲劳。

工间送茶、送水或送其他饮料，也是调节情绪、缓解疲劳的好方法。

（五）轮班工作制度

疲劳与轮班制密切相关。轮班制度的突出问题就是疲劳，改变睡眠时间本身就足以引起疲劳。原因是白天睡眠极易受周围环境的干扰，不能熟睡或睡眠时间不足，醒后仍然感到疲乏无力；另一个原因是，改变睡眠习惯，一时很难适应；再者，与家人共同生活时间少，容易产生心理上的抑郁感。调查资料证明，大多数人都愿意白班工作。

夜班作业人员因病假缺勤比例高，多数是呼吸系统和消化系统疾病。因为人的生理机能具有昼夜的节律性。长期已养成"日出而作，日落而息"的生活习惯。安静的黑夜正适于人们休息，消除疲劳。消化系统在早、午、晚饭时间分泌较多的消化液，这时进食既容易消化又有食欲。夜里消化系统进入抵制状态，这时吃饭往往食不甘味。

轮班工作制在国民经济生产中有重要意义。首先，提高了设备利用率，增加了生产物质财富的时间，从而增加产品产量。这对于我们人口众多的发展中国家来说更为重要，也相当于扩大了就业人数。其次，某些连续生产的工业部门，如冶金、化工等，其工艺流程不可能间断进行。值夜班的医生、民警、通信作业人员等必须昼夜值班。

我国目前的轮班制度是三班三轮制，即白、中、夜班，每班轮流工作和休息。这种轮班制是最古老的，也是最不合理的方式。

每周轮班制使得工人体内生理机能刚刚开始适应或没来得及适应新的节律时，又进入新的人为节律控制周期，所以，工人始终处于和外界节律不相协调的状态。长期的结果将影响工人健康和工作效率，从而影响到安全生产。

（六）业余休息和活动的安排

业余休息和活动往往被领导者所忽视。实际上，这与生产安全和效率是密切相关的。

首先，要为轮班的工人提供一个良好的休息条件。其次，可以组织业余活动。一些自发组织的业余活动不仅自己不休息，还影响别人，如彻夜打麻将、打扑克等。单位应组织工人开展有益、丰富多彩的文化娱乐和体育活动，以消除疲劳，增进身心健康，培养高尚的情操。

习　题

（一）单选题

1. 在物质代谢过程的同时发生着能量释放、转移、贮存和利用的过程，称为（　　）。

　　A. 自然代谢　　B. 新陈代谢　　C. 能量代谢　　D. 心理代谢

2. 下列不属于骨骼肌活动的能量途径供给是（　　）。
   A. 需氧系列　　　　　　　　　B. 排泄系列
   C. 乳酸系列　　　　　　　　　D. ATP-CP 系列
3. 能量代谢分为基础代谢量、（　　）和劳动代谢量。
   A. 运动代谢量　　　　　　　　B. 安静代谢量
   C. 睡眠代谢量　　　　　　　　D. 心理代谢量
4. 安静代谢是人仅为保持身体平衡及安静姿势所消耗的能量，安静代谢率一般取为基础代谢率的（　　）倍。
   A. 120　　　　B. 12　　　　C. 1.2　　　　D. 1/12
5. 下列不属于疲劳测定方法是（　　）。
   A. 闪光融合值测定　　　　　　B. 空气含氧量测定
   C. 能量代谢率测定　　　　　　D. 心率测定
6. 为了消除个人之间的差别，采用（　　）来表示某种体力劳动的强度。
   A. 劳动代谢量/基础代谢量　　　B. 基础代谢量/劳动代谢量
   C. 劳动代谢量/安静代谢量　　　D. 安静代谢量/劳动代谢量

（二）简答题

1. 何谓氧需、氧债与最大摄氧量？
2. 体力劳动是如何分级的？
3. 简述疲劳的分类及其特点，分析疲劳的原因。
4. 如何预防作业疲劳？

项目四 作业环境

在人-机-环境系统中，任何人-机系统都处于一定的环境之中，人-机系统的功能不得不受环境因素的影响。而对人-机系统产生影响的一般作业环境有许多方面，其中主要有温度、照明、噪声以及有害物质等物理因素和化学因素。如何给人-机系统营造一个"舒适"的作业环境，不仅关系着劳动者的健康和安全，更意味着最大限度地提高系统的综合效能。项目四将从温度环境、色彩环境、照明环境、噪声环境、有毒环境等方面分析各因素对人的工作绩效和健康的影响，提出改善这些环境因素的一般方法和原则。

知识目标

1. 清楚温度环境评价指标，掌握热环境的影响及其控制措施。
2. 掌握色彩环境的分类及调节。
3. 理解照明环境的影响，掌握照明的选择和照度标准。
4. 清楚噪声的计量参数，掌握噪声的控制措施。
5. 掌握有毒环境的卫生标准及控制措施。

能力目标

1. 具有综合评价微气候环境条件的能力。
2. 具有进行作业场所环境照明设计的能力。
3. 具有对作业环境进行色彩调节的能力。
4. 具有分析环境噪声危害，并制定相应治理措施的能力。

素质目标

1. 引导学生树立良好法律思维意识，塑造学生勇于担当的责任感。
2. 培养学生形成良好的规范意识，严格学习、工作中标准要求，提高工作胜任能力。

任务一 温度环境

温度环境

一、热环境的评价指标

热环境条件就是通常说的气候条件；室内热环境也就是室内的微小气候环境。影响热环境条件的主要因素有：空气温度、空气湿度、空气流速和热辐射。

（一）空气温度

空气温度，是用干球温度计测量得到的空气温度，测量时应该把温度计与附近的热辐射源加以隔离。之所以称为干球温度，是因为测量时温度计的感温部分不加处置地置于空气之中，因此有别于下面即将讲到的湿球温度。

（二）空气湿度

空气的相对湿度通常简称为相对湿度，用空气中的水蒸气含量与在该温度下空气中水蒸气的饱和含量的百分比来表示。现在普遍采用的便携式温湿度计，如图 1-4-1 所示。空气中水蒸气的分压力单位有 Pa、mmHg 等。

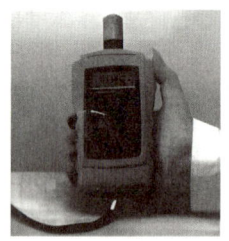

图 1-4-1　便携式温湿度计

（三）空气流速

气流主要是在温度差形成的热压力作用下产生的。在舒适温度范围内，一般气流速度为 0.15 m/s 时，人即可感到空气新鲜。气流除受外界风力的影响外，主要与热源有关。热源使空气加热而上升，室外的冷空气进入室内，造成空气对流。室内外温差愈大，产生的气流愈大。气流通常用风速仪测定，如图 1-4-2 所示。

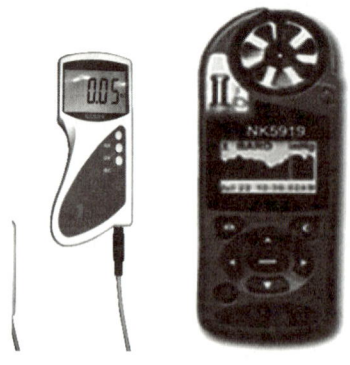

图 1-4-2　风速仪

（四）辐射热

黑球温度 t_g 又称为平均辐射热温度，是用如图 1-4-3 所示的黑球温度计测量得到的。黑球温度计的感温部分置于直径 150 mm 的黑色铜质薄球壳的中心，由于黑球吸收辐射热，所以球内的温度能够定量地反映辐射热的影响。

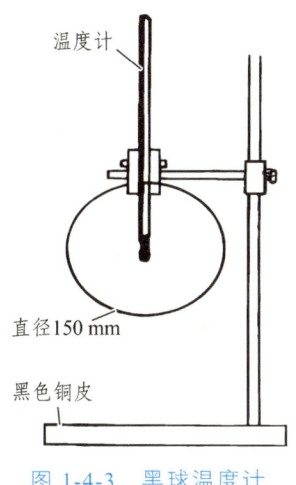

图 1-4-3　黑球温度计

二、热环境的影响及控制措施

（一）人体散热的方式及影响因素

1. 体温及人体向环境散热

人体能够在变化着的环境中维持体温基本稳定，是由于人体内有复杂的热调节系统。人体的热调节系统存在于大脑神经中枢，而感温细胞则在皮肤、肌肉、肠胃等各处。根据感温细胞获得的温度信息，神经中枢控制新陈代谢热量的生成与排出，并通过血液循环使人体各部分的温度保持稳定。人体与环境之间的热量交换，虽然从理论上说应该是双向的，但实际上环境里的热量流向人体只发生在特殊的条件下。在人体环境间热量交换中占主导的，是人体里的热量向环境逸散，简称人体散热或散热。人在热环境里的舒适感、健康、安全、工作效率等问题都与人体散热的情况有关。

2. 人体散热的方式

人体向环境散热主要有以下四种方式：

1）辐射

人体表面向外辐射出波长较长的红外线，其散热速度与人体环境间的温度差及人体体表面积两个因素有关。

2）传导

当人体接触低于体温的物体时，热量向外传导。但由于人体表层和衣服都是非良导体，通常情况下传导在人体散热中占的比例不大。

3）对流

对流一般指人体将热量传给（温度较低的）空气，空气流动将热量带走，如此循环继续。对流的速度取决于体温气温差及气流速度两个因素。在空气温度达到 34.5 ℃时，人体散热的对流过程基本终止。

4）蒸发

蒸发可分为无感蒸发和发汗两种。无感蒸发指体液中的水分直接透出皮肤和呼吸道黏膜表面，在未形成水滴前就蒸发掉的蒸发形式。发汗也叫"可感蒸发"，当体表附近（例如内衣与皮肤之间）的气温接近或超过皮肤温度，传导、辐射、对流这几种散热方式趋于失效，发汗的散热作用将逐渐上升而成为主要的散热方式。不同条件下人们发汗散热情况的差异很大：气温低、安静时发汗少，气温高、活动量大时发汗多。人们的发汗情况还存在明显的个体差异。

3. 影响人体散热的环境因素

与前面说的热环境参量相关，影响人体散热的因素也是空气温度、湿度、空气流速和室内各界面（墙面、顶棚、窗户、炉子等）的温度。为了简便，下面把室内各界面的温度简称为墙温。这里不便用过多的篇幅来详细分析各个因素对人体散热的综合影响，简要地说，在气温和墙温都相当高的条件下，对流和辐射的散热量很少，只能主要依靠蒸发过程来使人体散热；但若湿度也高，蒸发散热也难以实现，于是人体的温度就必然攀升上去，到一定限度将危及人的生命安全。这就是高温又高湿的室内会较快使人憋闷致死的原因。

（二）高温对人体及工作的影响

在高温情况下，身体吸收或产生的热量比散发的热量更多。这会导致身体内核温度上升，出现疾病，甚至死亡。

1. 高温对生理的影响

1）对循环系统的影响

高温作业时，皮肤血管扩张，大量出汗使血液浓缩，造成心脏活动增加、心跳加快、血压升高、心血管负担增加。

2）对消化系统的影响

高温对唾液分泌有抑制作用，使胃液分泌减少，胃蠕动减慢，造成食欲不振；大量出汗和氯化物的丧失使胃液酸度降低，易造成消化不良。此外，高温可使小肠的运动减慢，造成其他胃肠道疾病。

3）对泌尿系统的影响

高温下，人体的大部分体液由汗腺排出，经肾脏排出的水盐量大大减少，使尿液浓缩，肾脏负担加重。

4）对神经系统的影响

在高温及热辐射作用下，肌肉的工作能力、动作的准确性、协调性、大脑反应速度及注意力降低。

高温对生理的影响还有如下特点：身体越健康，对工作热环境忍耐度越高；老人适应性差；女性对热的适应能力比男性差；大量的脂肪不利于散热；饮酒易引起中暑，不利于散热；经常工作于热环境中的人表现出对高温明显的适应性。

2. 高温对工作的影响

1）对体力工作的影响

在有效温度（ET）升至大约 28 ℃ 时，并不影响人的生产效率，温度再升高则效率降低。

2）对运动神经绩效的影响

对运动神经绩效的影响与工作类型有关；也存在对警觉的变化、意志和体温的影响。

3）对安全行为的影响

工人的不安全行为与环境温度的关系为"U"字形，在湿球黑球温度（WBGT）17~23 ℃ 范围内工人不安全行为的比例最小。

3. 高温环境下的保护措施

（1）车间温、湿度应符合 GBZ 1—2010《工业企业设计卫生标准》，由于工艺要求湿度较高的车间，也应满足相关标准。

（2）进行合理的劳动组织管理，合理安排工作时间与休息时间。

（3）加强宣传教育，认真遵守高温作业的各项管理制度。

（4）改革工艺过程，改进生产设备和作业方法，改善高温作业条件，合理布置热源，尽量隔绝热源。加强通风，降低车间温度。

（5）对高温作业工人做好就业前、入暑前的体检工作，对患有职业禁忌证的工人，不得安排其从事高温作业。

（6）夏季供给合理的饮料和营养，合理使用个人防护用品。

（7）做好中暑患者的治疗工作。

（三）低温对人体及工作的影响

低温环境，即温度低于人体舒适程度的环境。一般取（21±3）℃ 为人体舒适的温度范围，因此 18 ℃ 以下的温度即可视作低温。但对人的工作效率有不利影响的低温，通常是在 10 ℃ 以下。低温环境除了冬季低温外，主要见于高山、南极和北极等地区以及水下。

1. 低温对人体的影响

低温对人体的影响，主要表现在两个方面。

1）低温冻伤

低温对人体的伤害作用最普遍的是冻伤。冻伤的产生同人在低温环境中暴露时间有关，温度越低，形成冻伤所需的暴露时间越短。如温度为 5~8 ℃ 时，人体出现冻伤一般需要几天时间；而 -73 ℃ 时，暴露 12 s 即可造成冻伤。冻伤的临床表现可分三度，一度为红斑，可以恢复；二度为水疱性冻伤，经治疗可以恢复；三度为坏疽，难于复原。人体易于发生冻伤的是手、足、鼻尖和耳廓等部位。

在 -20 ℃ 以下的环境里，皮肤与金属接触时，皮肤会与金属粘贴，这种现象叫作冷金属粘皮。这是一种特殊的冻伤。有氧化膜的铝和铁最易造成冷金属粘皮现象；

表面光亮的铜和银等金属，表面粗糙或有冰雪、尘土等覆盖的金属，则不易造成这种现象。

2）低温症状

低温症状是人在温度不太低的环境（-1 ℃至6 ℃）中依靠体温调节系统，可使人体深部体温保持稳定。但是在低温环境中暴露时间较长，深部体温便会逐步降低，出现一系列的低温症状。首先出现的生理反应是呼吸和心率加快、颤抖等现象，接着出现头痛等不舒适反应。深部体温降至34 ℃以下时，症状即达到严重的程度，产生健忘、口吃和定向障碍；降至30 ℃以下时，全身剧痛，意识模糊；降至27 ℃以下时，随意运动丧失，瞳孔反射、深部腱反射和皮肤反射全部消失，人濒临死亡。

2. 防护方法

1）加温

利用供暖和空调系统使舱室等局部环境内的温度保持在舒适范围。穿衣是最常用的一种低温防护措施。御寒衣服必须干燥，衣服内加温能增加衣服的御寒效果。御寒必须注意手、足的保温，在极冷的条件下，使用电池加温的手套和袜子是一种有效的措施。

2）体力活动

剧烈的体力活动可使人体产生高达1 400 kcal/h热量，比平时人体代谢率高20倍左右。在-20 ℃以下的低温环境中，如果除厚衣外没有其他有效的防护措施，体力活动便成为一种必要的防护手段。

3）习服

人长期在低温环境中生活和锻炼，即可逐渐地适应低温，但这种习服是有限度的。

任务二　色彩环境

色彩环境

色彩在人类生产生活中起着极为重要的作用，它不仅是我们识别物体的手段，还是思考和丰富生活的工具。生产生活中的环境色彩变化和刺激会对操作者产生不同的影响，合理、恰当的色彩设计不仅有助于操作者保持感情和心理平衡以及正常的知觉和意识，还能使操作者心情舒畅、愉快，视觉良好，提高工作效率；反之色彩设计不合理，会引起操作者的视觉疲劳、心理反感等，从而降低工作效率。因此，在进行环境色彩设计时必须充分地研究和认识色彩规律和色彩功能。

一、色彩的分类

色彩设计大致分为三类。

（一）环境色彩

环境色彩包括厂房、商店、建筑物、室内环境等色彩设计。

（二）物品配色

物品配色包括机床设备、家具、纺织品、包装等。

（三）标志管理用色

标志管理用色有安全标志、管理卡片、报表、证件、票卷等。

二、色彩的调节及应用

（一）定义及作用

选择适当的色彩，利用色彩的效果，构建良好的色彩环境，称为色彩调节。工作场所具有良好的色彩环境可以得到以下效果：

（1）增加明亮程度，提高照明效果；
（2）标识明确，识别迅速，便于管理；
（3）注意力集中，减少差错和事故，提高工作质量；
（4）舒适愉快，减少疲劳；
（5）环境整洁，层次分明，明朗美观。

（二）色彩应用

1. 工作房间色彩调节

工作房间的配色因工作特点而异，一般要考虑色彩含义，色彩对人们生理和心理的影响及工作环境的需要。人们更期许一种明亮、舒适、美观、和谐色彩环境。

工作房间配色尽可能不要色调单一，否则会加速视觉疲劳或引起单调感。明度不应太高和相悬殊，否则也会因为视觉适应性而促使视觉疲劳。饱和度也不应太高，不然较强的刺激不仅会分散注意力，而且也容易加速视觉疲劳。

进行色彩调节要根据工作房间的性质和用途选择色彩。当工作间温度比较高及工作间比较狭小时，应选配冷色调；若工作房间的温度比较低且工作间比较大时应选配暖色调等。工作房间配色可参考表1-4-1。

表1-4-1 室内基本色调

	天棚	墙壁	墙围	地板
冷房间	4.2Y9/1	4.2Y8.5/4	4.2Y6.5/2	5.5YR5.5/1
一般	4.2Y9/1	7.5GY8/1.5	7.5GY6.5/1.5	3.5YR3.5/1
暖房间	5.0G9/1	5.0G8/0.5	5.0G6/0.5	3.5YR6.5/1
接待室	7.5YR9/1	10.0YR8/3	7.5GY6/2	5.5YR5.9/3
交换台	6.5R9/2	6.0R8/2	5.0G6/1	5.5YR6.5/1
食堂	7.5GY9/1.5	6.0YR3/4	5.0YR6/4	5.6YR6.5/1
厕所	N9.5	2.5PB8/5	8.5B7/3	N8.5

对工作房间的配色，除了富有代表意义外，应着重考虑对光线的反射率，以提高照明装置的效果。所以应采用发射系数高、明快、和谐的色彩。各种材料的反射率见表 1-4-2。

表 1-4-2 各种材料的反射率

材料名称		反射率/%	材料名称		反射率/%
磨光金属面及镜面	银	92	建筑材料及室内装备	白灰	60~80
	铝	60~75		淡奶油色	50~60
	铜	75		深色墙壁	10~30
	铬	65		白色木材	40~60
	钢铁	55~60		黄漆木材	30~50
	玻璃镜	82~88		红砖	15
油漆面	白	75		水泥	25
	白漆	60~80		白瓷砖	60
	浅灰漆	35~55		草席	40
	深灰漆	10~30		石膏	87
	黑漆	5		家具	25~40
地表面	道路	10~20		书面	50~70
	砂地	20~30			
	雪地	95			

测定材料反射率的简单方法可用照度计测量反射面的照度值，然后用以下公式进行计算：

$$材料反射率 = 暗照度/明照度 \times 100\%$$

2. 机器设备和工作面的色彩调节

机器设备主要包括主机、辅助和动力设备，以及控制、显示和操作装置，其配色应主要考虑以下几方面：

（1）色彩与设备的功能相适应；

（2）设备配色与环境色彩相协调；

（3）危险与示警部位的配色要醒目；

（4）操作装置的配色要重点突出，避免误操作；

（5）显示装置要与背景有一定对比，以引人注意，同时也有利于视觉认读。

工作面的涂色，明度不宜过大，反射率不宜过高，选用适当的色彩对比可以适当提高对细小零件的分辨力。但色彩对比不可过大，否则会直接造成视觉疲劳提早出现。如果长时间加工同一色彩的零件时，应该在作业者的视野内安排另一种色彩，以便使眼睛得到休息。

3. 安全标志和技术标志的色彩应用

用色彩传递安全和技术信息，早已被世界各国采用，国家标准 GB 2893—2008《安全色》规定了传递安全信息的颜色，目的是使人能够迅速发现或分辨安全标志和提醒人们注意，以防事故的发生。安全色是指表达安全信息含义的颜色。该标准中规定红、蓝、黄、绿四种颜色为安全色，其含义和用途见表 1-4-3。

表 1-4-3　安全色的含义及用途

颜色	含义	用途举例
红色	禁止、停止；防火	禁止标志； 停止信号：机器、车辆的紧急停止手柄或按钮以及禁止人们触动的部位
蓝色	指令必须遵守的规定	指令标志：如必须佩戴个人防护用具，道路上指引车辆和行人行驶方向的指令
黄色	警示；注意	警告标志； 警戒标志：如厂内危险机器和坑池边周围警戒线； 行车道中线； 机械上齿轮箱； 安全帽
绿色	提示；安全状态；通行	提示标志； 车间内安全通道； 行人和车辆通行标志； 消防设备和其他安全防护设备的位置

安全标志应按 GB 2894—2008《安全标志及其使用导则》规定采用。

伴随安全色使用的同时，为使安全色更加醒目，另佐以使用对比色。与四种安全色相对应，对比色只有黑白两种颜色，具体见表 1-4-4。

表 1-4-4　对比色

安全色	相应的对比色
红色	白色
蓝色	白色
黄色	黑色
绿色	白色

注：黑白互为对比色。

色彩还常用作运行技术信息的载体，如红色表示紧急、禁止、停止、事故或操作错误等；黄色用作示警信号；绿色标志正常工作、许可等；蓝色表示正常；白色表示电源接通、预热或准备运行等。

色彩也应用于技术标志中，表示材料、设备设施或包装物等。充装气体气瓶管道的色彩标志如表 1-4-5 所示。

表 1-4-5　充装气体气瓶管道颜色

序号	充装气体名称	瓶色
1	乙炔	白
2	氢	淡绿
3	氧	淡（酞）蓝
4	氮	黑色
5	空气	黑色
6	二氧化碳	铝白

任务三　照明环境

合适的照明环境是保持人们正常、稳定的生理、心理和精神状态，提高工作效率，减少差错和事故的必要条件。早期人机学的照明环境研究主要是生产劳动作业场所的照明环境，后来则关注到了各种工作和生活的室内空间照明环境。

照明环境

一、基本概念

（一）光通量

光通量（luminous Flux，LM）指从光源辐射出来、能引起人眼视觉的光能量辐射速率（单位时间内从光源辐射出来，能引起人眼视觉的光辐射能）。

一个 40 W 的白炽灯辐射出的光通量一般在 400 流明（lm）上下；而一只 40 W 的荧光灯辐射出的光通量一般在 2 100 流明（lm）上下；后者约为前者的 5 倍或更多一些。但是，一定类型、一定功率（瓦数）的灯泡能发出的光通量都有一个不小的变动范围，很难给定准确的数据。这是由于下列因素影响的结果：灯泡的质量互不相同，旧灯泡随使用时间加长而造成的光通量衰减（白炽灯泡光通量衰减可达到 20%～30%），灯泡表面灰尘等覆盖污浊情况不同，电压波动的影响等。

（二）亮　度

亮度（Luminance）是指单位面积光源表面上（在给定方向上）的发光强度。亮度的单位是坎[德拉]（cd）。

（三）照　度

照度（在被光源照射的面上）投射在单位面积上的光通量。照度的单位是勒[克斯]（lx，lux）。

二、照明的影响

（一）照明与疲劳

合适的照明，能提高近视力和远视力。因为亮光下瞳孔缩小，视网膜上成像更为清晰，视物更清楚。当照明不良时，因反复努力辨认，易使视觉疲劳，工作不能持久。眼睛疲劳的包括症状有：眼睛乏累、怕光刺眼、眼痛、视力模糊、眼充血、出眼屎以及流泪等。眼睛疲劳还会引起视力下降、眼球发胀、头痛以及其他疾病而影响健康，导致工作失误甚至造成工伤。

（二）照明与工作效率

提高照度，改善照明，对减少视觉疲劳，提高工作效率有很大影响。适当的照明可以提高工作的速度和精确度，从而增加产量，提高质量，减少差错。舒适的光线条件，不仅对手工劳动，而且对要求紧张的记忆、逻辑思维的脑力劳动，都有助于提高工作效率。

某些依赖于视觉的工作，对照明提出的要求则更为严格。增加照明并非总是与劳动生产率的增长呈正相关。照度提高到一定限度，可能引起目眩，从而对工作效率产生消极影响。研究表明，随着照度增加到临界水平，工作效率便迅速得到提高；在临界水平上，工作效率平稳，超过这个水平，增加照明度对工作效率变化很小，甚至会加重视疲劳，使工作效率下滑，视疲劳和生产率随照度变化的曲线如图 1-4-4 所示。

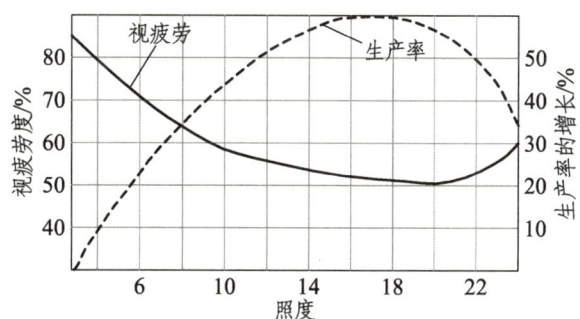

图 1-4-4　视疲劳和生产率随照度变化曲线

由于眼睛的调节能力随年龄的增加而下降，因此，年龄增加将导致眼睛调节时间延长，如果所从事的是视觉特别紧张的工作，则高龄人的工作效率比青年人更加依赖于照明。

（三）事故与照明

事故的数量与工作环境的照明条件有密切的关系。事故统计资料表明，事故产生的原因虽然是多方面的，但照度不足则是重要的影响因素。如我国大部分地区，在 11 月、12 月、1 月这三个月里白天很短，工作场所人工照明时间增加，和天然光照明相比，人工照明的照度值较低，因此事故发生的次数在冬季最多。

人眼在亮度对比过大或物体及其周围背景发出刺目和耀眼光线时，即在眩光状况下，会缩瞳而降低视网膜上的照度，并在大脑皮层细胞间产生相互作用，使视觉模糊。眩光在眼球介内质内散射，也会减弱物体与背景间的对比，造成不舒适的视觉条件，进而导致视觉疲劳。夜间运行的汽车，当驾驶员为交会来车而将本车前照灯变换到近光时，由于 50 m 距离以外的路面照明急剧降低而导致形成"黑洞"效应，因而驾驶员在 5~10 s 的时间内将丧失识别障碍物的能力，在随后的一段时间里实际上是盲目行车，极易造成事故。

（四）照明与情绪

据生理和心理方面的研究表明，照明会影响人的情绪，影响人的一般兴奋性和积极性，从而也影响工作效率。明亮的房间是令人愉快的，如果让被试者在不同照度的房间中选择工作场所的话，一般都选择比较明亮的地方。眩目的光线使人感到不愉快，被试者都尽量避免眩光和反射光。

总之，改善工作环境的照明，可以改善视觉条件，有助于提高工作兴趣，改进工作环境，节省工作时间，提高工作质量，减少废品生产，保护视力，减轻疲劳，提高工作效率，减少差错，避免或减少事故。

三、照明的选择

（一）照明形式的选择

作业环境中的照明一般有三种形式，即天然采光、人工照明、混合采光。利用自然界的天然光源，解决作业场所照明的叫天然采光；利用人工制造的光源来解决作业场所照明的叫人工照明；当天然光源和人工光源合用时则谓之混合采光。考虑到节省能源以及人们习惯太阳光谱，所以应考虑最大限度地使用天然采光。将工作场所布置成一个合理的照明场地后，将会提高工作的速度和精确度，增加产量，保证质量，保障安全。

（二）人工照明方式的选择

1. 一般照明

一般照明也叫全面照明。它是指不考虑特殊的局部需要为照亮整个被照面积而设置的照明。采用这种照明方式，可使作业者的视野亮度一致，视力条件好，工作时感到愉快。它的一次投资费用较少但耗电较多。它适用于对光线投射方向没有特殊要求，工作点较密集或者作业时工作点不固定的场所。

2. 局部照明

局部照明是指增加某一指定地点的照度而设置的照明。由于它靠近工作面，故耗电少而照度高,但要注意直接眩光和使周围变暗的影响。一般来讲,对工作面照度要求不超过 40 lx,可不必采用局部照明。

3. 综合照明

综合照明是指由一般照明和局部照明共同构成的照明。其比例似 1:5 为好。若对比过强则将使人感到不舒适,对作业效率有影响。对于较小的工作场所,一般照明的比例可适当提高。综合照明是一种最经济的照明方式,常用于要求照度高,或有一定的投光方向,或固定工作点分布较稀疏的场所。

4. 特殊照明

特殊照明是指应用于特殊用途,有特殊效果的各种照明。如透光照明、不可见光照明、色彩检查照明、彩色照明等。

四、照度标准

照明标准是照明设计和管理的重要依据。我国的照度标准是采用间接法制定的,即从保证一定的视觉功能来选择最低照度值,同时进行大量的调查、实测,并且考虑了我国当前的电力生产和消费水平。表 1-4-6 列出了我国工厂的照度标准。

表 1-4-6 工厂的照度标准 单位:lx

作业种类	作业举例	综合照明		只用一般照明
		局部照明	一般照明	
超精密	超粗密机械操作、超精密检查、半导体微型件装配、精密雕刻	1 000~5 000	50~100	—
精密	精密机械操作、金属检验、排字、电视机等小型产品装配、暗乐布检查、裁缝	100~300	40~80	—
	汽车装配修理、暗色物纺织、精密油漆作业	—	—	100~200
普通	机械加工、铸工造型、明色布检查、裁缝、控制盘	100~300	30~60	—
	金属热处理、造纸、化工、喷绘、明色物纺织	—	—	50~100
粗	粗木工、钣金、印刷	50~100	20~40	—
	金属冶炼、铸造、化工炉	—	—	20~50

任务四 噪声环境

一、声音的计量

在物理学中用来计量声音强弱的物理量如表 1-4-7 所示。

噪声环境

表 1-4-7　计量声音强弱的物理量

名称/符号	定义	单位名称，符号
声功率/W	声源在单位时间内以声波形式发射出的能量	瓦，W
声强/I	单位时间内，垂直于声波传播方向的单位面积上所通过的声能	瓦每平方米，W/m^2
声压/p	由于声波作用于物体而引起的压强增加量	帕，Pa

声音的声压级即分贝（dB）值，是目前应用最广泛的声音计测量值。因此，对声音的分贝值与入耳感觉的一般关系、声音的分贝值对人体的影响，都应该有一些数值观念。表 1-4-8 给出了这样的对照关系。

表 1-4-8　声压级（分贝）、人耳感受及对人体的影响

声压级/dB	入耳感觉	对人体的影响	声压级/dB	人耳感觉	对人体的影响
0~9	刚能听到	安全	90~109	吵闹到很吵闹	听觉慢性损伤
10~29	很安静	安全	110~129	痛苦	听觉较快损伤
30~49	安静	安全	130~149	很痛苦	其他生理受损
50~69	感觉正常	安全	150~169	无法忍受	其他生理受损
70~89	逐渐感到吵闹	安全			

二、乐音与噪声

（一）乐音及其作用

环境中的声音可以分成乐音和噪声两大类。能让听觉产生舒适感、使人感到愉悦的声音称为乐音。乐音有来自自然界的，也有人工制作的。

工作场所背景音乐是为了使操作者精神状态得到放松、缓解工作疲劳、提高效率而在劳动工作场所播放的音乐，称为工作场所背景音乐（Background Music，BGM），也叫作"生产性音乐"。根据研究与实践可知，播放背景音乐主要有以下作用：

（1）对作业者精神紧张有松弛作用。

（2）对单调枯燥的重复性作业有减轻烦躁感的效果。

（3）对较为自由的手工作业，能使作业者减少互相闲谈、停工休息的时间，从而提高工作量。

（4）针对作业性质选择节奏、曲调、响度合适的乐曲，营造轻松的气氛，能缓解疲劳、提高效率、减少差错率。

（5）对有害的环境噪声有遮盖作用。

（二）噪声及其危害

1. 噪　声

从物理学的角度说，声波频谱与强弱对比杂乱无章、强度过强或强度较强且持续时间过长的声音，称为噪声。从人的主观感受而言，凡是干扰人们工作、学习、休息的声音，即不需要的声音，都属于噪声。前者是关于噪声的客观标准，后者是关于噪声的主观标准。两个标准并不是等同的：客观标准的噪声一定是主观标准的噪声，但反过来却未必。譬如，家居装修中在地面、墙面上开凿或钻孔的声音是客观标准的噪声，它不但对邻居，同时对户主、装修工等所有人也都是（主观标准的）噪声；而一段戏曲、歌曲、音乐或一段播送的故事、对话，虽然不是客观标准的噪声，但对于正想睡眠或正专心致志地学习与思考的人，在此时却属于主观标准的"噪声"。

2. 噪声的危害

噪声的影响或危害随噪声强度和持续时间的增加而加强，主要有以下几方面：

1）对人体的危害

较轻的是影响休息、影响睡眠；持续的噪声，使人精神烦躁、情绪不安；噪声超过 85 dB，很少有人能不感到心烦意乱；强噪声会损伤听力，直至造成耳聋；持续的、超过 90 dB 的较强噪声对人体健康更会造成多方面的危害：引起体内肾上腺素分泌增加，导致血压上升，肠胃功能失调，进一步会伤害到人的神经和心血管系统；当噪声达到 95 dB 时，人的视觉敏感性下降，在弱光下识别物体更加困难等。

2）对工作的影响

噪声超过 70 dB 以后，对各种工作都有一定影响，表现为：注意力涣散、反应时间加长、记忆困难、计算能力受到干扰等。因此工作效率和质量降低，差错率上升。上述影响对精细工作和脑力工作尤其显著。

3）对语音信息传播的影响

噪声直接影响语音传播，例如电话交谈的语音声压级一般为 60～70 dB，当环境噪声在 55 dB 以下时，通话清晰顺畅；环境噪声分别为 65 dB、75 dB、85 dB 时，通话便从稍有困难、相当困难变成几乎无法进行。

随着工业、交通业的发展，噪声污染成为城市公害的问题日益突出。在我国的北京、上海等大城市，对污染的投诉中，噪声污染案件已占全部投诉的 40% 以上。有关部门估计，我国有 20%～30% 的工人暴露在损伤听觉的强噪声环境之下，有超过 1 亿人的生活中存在噪声的干扰。

三、噪声的控制措施

我国心理学界认为，控制噪声环境，除了考虑人的因素之外，还须兼顾经济和技术上的可行性。充分的噪声控制，必须考虑噪声源、传音途径、受音者所组成的整个系统。控制噪声的措施可以针对上述三个部分或其中任何一个部分。噪声控制的内容包括控制噪声源、阻断噪声传播和在人耳处减弱噪声。

（一）控制噪声源

降低声源噪声，工业、交通运输业可以选用低噪声的生产设备和改进生产工艺，或者改变噪声源的运动方式，如用阻尼、隔振等措施降低固体发声体的振动。

（二）阻断噪声传播

在传音途径上降低噪声，控制噪声的传播，改变声源已经发出的噪声传播途径，如采用吸音、隔音、音屏障、隔振等措施，以及合理规划城市和建筑布局等。

（三）在人耳处减弱噪声

对受音者或受音器官采取噪声防护。在声源和传播途径上无法采取措施，或采取的声学措施仍不能达到预期效果时，就需要对受音者或受音器官采取防护措施，如长期职业性噪声暴露的工人可以戴耳塞、耳罩或头盔等护耳器。

虽然噪声控制在技术上现在已经成熟，但由于现代工业、交通运输业规模很大，要采取噪声控制的企业和场所为数甚多，因此在控制噪声问题上，必须从技术、经济和效果等方面进行综合权衡。当然，具体问题应当具体分析。在控制室外、设计室、车间或职工长期工作的地方，噪声的强度要低；库房或少有人去车间或空旷地方，噪声稍高一些也是可以的。总之，对待不同时间、不同地点、不同性质与不同持续时间的噪声，应有一定的区别。

任务五　有毒环境

有毒环境

一、基本概念

（一）毒　　物

毒物是在一定条件下较低剂量能引起机体功能性或器质性损伤的外源性化学物质。

（二）工业毒物/生产性毒物

工业毒物或生产性毒物是指在生产过程中产生或存在于工作场所空气中的各种毒物。

（三）中　　毒

中毒指机体受毒物作用后引起一定程度损害而出现的疾病状态甚至死亡现象。

（四）职业中毒

职业中毒指劳动生产过程中由于接触毒物所发生的中毒。

二、有毒环境的卫生标准

我国于 2019 年最新修订了 GBZ 2.1—2019《工作场所有害因素职业接触限值第 1 部分：化学有害因素》，该标准规定了工作场所空气中化学有害因素、粉尘共 407 种有毒物质的允许浓度。其中部分作业场所可能接触的有毒物质的允许浓度见表 1-4-9 和表 1-4-10。

表 1-4-9　工作场所空气中化学物质容许浓度

序号	中文名	OELs/mg·m⁻³			备注
		MAC	PC-TWA	PC-STEL	
1	氨	—	20	30	—
2	苯	—	6	10	皮，G1
3	苯乙烯	—	50	100	皮，G2B
4	二苯胺	—	10	—	—
5	二氧化氮	—	0.3	0.8	—
6	二氧化硫	—	5	10	—
7	二氧化碳	—	9 000	18 000	—
8	镉及其化合物（按 Cd 计）	—	0.01	0.02	G1
9	汞-金属汞（蒸气）	—	0.02	0.04	皮
10	光气	0.5	—	—	—
11	甲苯	—	50	100	皮
12	N-甲苯胺	—	2	—	皮，G1
13	甲醇	—	25	50	皮
14	甲醛	0.5	—	—	敏，G1
15	甲酸	—	10	20	—
16	硫化氢	10	—	—	—
17	六六六（六氯环己烷）	—	0.3	0.5	G2B
18	六氯乙烷	—	10	—	皮，G2B
19	氯	1	—	—	—
20	氯化氰	0.75	—	—	—
21	氯乙烯	—	10	—	G1
22	氰化物（按 CN 计）	1	—	—	皮
23	氰戊菊酯	—	0.05	—	皮

续表

序号	中文名	OELs/mg·m^{-3}			备注
		MAC	PC-TWA	PC-STEL	
24	溶剂汽油	—	300	—	—
25	乳酸正丁酯	—	25	—	—
26	乙二醇	—	20	40	—
27	乙醚	—	300	500	—

注：1. 本表摘自 GBZ 2.1—2019。
   2. 备注中有关（皮）、（敏）及（G1）、（G2A）、（G2B）的说明详见 GBZ 2.1—2019 附录 A 的 A.4、A.5 及 A.6。

表 1-4-10　工作场所空气中粉尘容许浓度

序号	中文名	PC-TWA/mg·m^{-3}		备注
		总尘	呼尘	
1	白云石粉尘	8	4	—
2	玻璃钢粉尘	3	—	—
3	茶尘	2	—	—
4	沉淀 SiO$_2$（白炭黑）	5	—	—
5	大理石粉尘	8	4	—
6	电焊烟尘	4	—	G2B
7	二氧化钛粉尘	8	—	G2B
8	沸石粉尘	5	—	G1
9	酚醛树脂粉尘	6	—	—
10	谷物粉尘（游离 SiO$_2$ 含量<10%）	4	—	敏
11	硅灰石粉尘	5	—	—
12	硅藻土粉尘（游离 SiO$_2$ 含量<10%）	6	—	—
13	滑石粉尘（游离 SiO$_2$ 含量<10%）	3	1	—
14	活性炭粉尘	5	—	—
15	聚丙烯粉尘	5	—	—
16	聚丙烯腈纤维粉尘	2	—	—
17	聚氯乙烯粉尘	5	—	—
18	聚乙烯粉尘	5	—	—
19	麻尘 （游离 SiO$_2$ 含量<10%） 亚麻 黄麻 苎麻	 1.5 2 3	 — — —	 — — —

续表

序号	中文名	PC-TWA/mg·m^{-3} 总尘	PC-TWA/mg·m^{-3} 呼尘	备注
20	煤尘（游离 SiO$_2$ 含量<10%）	4	2.5	—
21	砂轮磨尘	8	—	—
22	石膏粉尘	8	4	—
23	石灰石粉尘	8	4	—
24	石棉（石棉含量>10%） 粉尘 纤维	0.8 0.8 f/mL	— —	G1
25	水泥粉尘（游离 SiO$_2$ 含量<10%）	4	1.5	—
26	矽尘 10%≤游离 SiO$_2$ 含量≤50% 50%<游离 SiO$_2$ 含量≤80% 游离 SiO$_2$ 含量>80%	1 0.7 0.5	0.7 0.3 0.2	G1（结晶型）
27	其他粉尘	8	—	—

注：1. 其他粉尘指游离 SiO$_2$ 低于 10%，不含石棉和有毒物质，而尚未制定职业接触限值的粉尘。表中列出的各种粉尘（石棉纤维尘除外），凡游离 SiO$_2$ 高于 10%者，均按矽尘职业接触限值对待。
  2. 本表摘自 GBZ 2.1—2019。
  3. 备注中有关（敏）、（G1）、（G2B）的说明详见 GBZ 2.1—2019 附录 A 的 A.4、A.5 及 A.6。

三、有毒环境的控制措施

（一）控制原则

（1）采取综合治理措施，从根本上消除、控制或尽可能减少毒物对职工侵害。
（2）应遵循"三级预防"原则，推行"清洁生产"，重点做好"前期预防"。

（二）控制措施

1. 根除毒物

改革工艺，用无毒或低毒物质代替有毒物质，是最理想的防毒措施。

2. 降低毒物浓度

降低毒物浓度是预防职业中毒的中心环节，使车间空气中毒物浓度达到《工作场所有害因素职业接触限值》的要求。

首先，要使毒物不能逸散到空气中，或消除工人接触毒物的机会；其次，对逸出的毒物要设法排出，控制其飞扬、扩散；再次，缩小毒物波及的范围。包括以下几个方面。

（1）技术革新：机械化、自动化、密闭化；

（2）通风除尘等：常用局部抽出式通风；

（3）经通风排出的毒物，必须加以净化处理后方可排放或回收综合利用。

3. 改革工艺、建筑和生产工序布局

使生产过程机械化、自动化，实现设备、管道或加工环节的密闭化，将有毒物与操作者有效隔离。

4. 加强个体防护

配备个体防护用品和装置，如防毒面具、胶靴、手套、防护眼镜，或在皮肤裸露部位涂以防护油膏。

习 题

（一）单选题

1. 作业环境中的照明一般有三种形式，即天然采光、人工照明、（　　　）。
　　A. 近距离采光　　　　　　　　　B. 远距离采光
　　C. 移动采光　　　　　　　　　　D. 混合采光

2. 在作业环境中的光源，（　　　）是最理想的。
　　A. 白炽灯　　　B. 自然光　　　C. 荧光灯　　　D. 霓虹灯

3. 根据有关测定，气温（　　　）时，是温度环境的舒适区段，在这个区段里，体力消耗最小，工作效率最高，最适宜于人们的生活和工作。
　　A. 5 ℃～21 ℃　　　　　　　　　B. 15 ℃～21 ℃
　　C. 15 ℃～35 ℃　　　　　　　　D. 30 ℃～35 ℃

4. 为了防止和减轻眩光对作业的不利影响，人们采取了很多措施，但下列对防止和减轻眩光无明显效果的是（　　　）。
　　A. 限制光源亮度　　　　　　　　B. 合理分布光源
　　C. 采用直射光源　　　　　　　　D. 适当提高环境亮度以减少亮度对比

5. 当噪声的声压级超过语音（　　　）分贝时，语音全部被掩蔽。
　　A. 5～10　　　B. 10～15　　　C. 15～20　　　D. 20～25

6. 根据 GBZ 2.1—2019《工作场所有害因素职业接触限值 第 1 部分：化学有害因素》规定，H_2S 最高容许浓度为（　　　）。
　　A. 7.5 mg/m^3　　B. 10 mg/m^3　　C. 15 mg/m^3　　D. 20 mg/m^3

（二）简答题

1. 从哪些方面对温度作业环境进行改善？
2. 如何评价工作场所的色彩环境？
3. 照明设计从哪些方面入手？
4. 噪声环境如何防治？
5. 有毒作业环境如何进行防护？

理论知识篇

项目五　作业空间

作业空间就是人进行作业所需的活动空间以及机器、设备、工具所需空间的总和。所谓作业空间设计是指根据人的操作活动要求，对机器、设备、工具、被加工对象等进行合理的布局与安排，以达到操作安全可靠、舒适方便，提高工作效率的目的。项目五将对作业空间的基础知识、作业空间设计等问题进行研究和讨论。

知识目标
1. 掌握作业空间的基本概念、作业姿势及作业空间设计的基本原则。
2. 了解不同作业姿势作业空间设计的优缺点及设计要求。
3. 理解作业空间设计与工作效率及工作安全的关系。

能力目标
1. 能够运用作业空间设计的基本原则进行一般的作业空间布局与安排。
2. 具有根据作业姿势及作业空间布局分析作业的安全及效率问题的能力。
3. 具备分析和解决作业空间中的实际问题的能力。

素质目标
1. 培养学生具有良好的作业现场管理意识，确保作业空间的安全。
2. 引导学生正确地认识作业空间，增强多作业空间布局与安排的能力。

任务一　作业空间基础知识

作业空间
基础知识

在工作系统中，人-机-环境三个基本要素是相互关联而存在的。每一个要素都根据需要占用一定的空间，并按优化系统功能的原则，使这些空间有机地结合在一起。这些空间的总和，我们称为作业空间。

一、基本概念

作业空间，是指人在操作机器时所需的活动空间，以及机器、设备、工具和操作对象所占空间的总和。广义的作业空间设计是指按照作业者的操作范围、视觉范围和操作姿势等生理、心理因素对作业对象、机器、设备和工具进行合理空间布局，给人、物等确定最佳的流通路线和占有区域，以提高系统总体可靠性、舒适性和经济性。狭义的作业空间设计就是设计合理的工作岗位，以保证作业者安全、舒适、高效地工作。

人与作业器具共同完成任务是在一定的作业空间进行的。人、机所占的空间称为作业空间，按作业空间包含的范围，可把它分为近身作业空间、个体作业场所和总体作业空间。

1. 近身作业空间

近身作业空间指作业者在某一位置时，考虑身体的静态和动态尺寸，在坐姿或站姿状态下，其所能完成作业的空间范围。近身作业空间包括三种不同的空间范围：

（1）在规定位置上进行作业时，必须触及的空间，即作业范围；

（2）人体作业或进行其他活动时，如进出工作岗位，在工作岗位进行短暂的放松与休息等，人体自由活动所需的范围，即作业活动空间；

（3）为了保证人体安全，避免人体与危险源（如机械传动部位等）直接接触所需要的安全防护空间距离。

2. 个体作业场所

个体作业场所指操作者周围与作业有关的、包含设备因素在内的作业区域，如汽车驾驶室。在作业场所的设计中，除了要保证近身作业空间外，还要考虑到信息显示器、操纵控制器的安排设置，使操纵者能够适宜地获取信息、进行操作。

3. 总体作业空间

不同的个体作业场所的布置构成总体作业空间。总体作业空间反映的是多个作业者或使用者之间作业的相互关系，如一条生产线、一间办公室等。

作业空间设计，从大的范围来讲，就是组织生产、生活现场，把所需要的机器、设备和工具，按照生产任务、工艺流程的特点和人的操作要求进行合理的空间布局。给人、物等确定最佳的流通路线和占有区域，提高系统总体可靠性和经济性。从小的范围来讲，就是合理设计工作岗位，以保证作业者安全、舒适、高效工作。

二、作业姿势

人体工作姿势分为三类：坐姿工作岗位、立姿工作岗位和坐立姿交替工作岗位。现对三种工作岗位的特点和适用范围说明如下。

1）坐姿工作岗位

坐着的作业姿势常指身躯伸直或稍向前倾 100°~150°角，大腿平放，小腿一般垂直地或稍向前倾斜着地，身体处于舒适的体位。人体最合理的作业姿势就是坐姿作业。下列作业宜采用坐姿作业：

（1）持续时间较长的静态作业。此时需要支持身体的力较小，腿上消耗的能量和负荷较小，血液循环畅通，可以减少疲劳和人体能量的消耗。

（2）精密度要求高而又要求仔细的作业。因坐姿情况下，当设备振动或移动时，人体具有较大的稳定度和较好的平衡度。

（3）需要手足并用，并对一个以上踏板进行控制的作业。坐姿时，双脚容易移动，且可借助座椅支撑对脚控制器施以较大力量。

2）立姿工作岗位

通常指人站立时上体前屈角小于 30°时所保持的姿势（前屈角大于 30°为前屈姿势）。下列作业选用立姿作业优于坐姿作业：

（1）需要经常改变体位的作业。站着较频繁地起坐消耗的能量更少。

（2）常用的控制器分布在较远区域、需要手足有较大运动幅度的作业。因站姿时作业者可以走动，可以看见或使用坐姿作业者够不到的部件。

（3）需要用力较大的作业。立势时手臂力量较大，易于操作大操纵杆。

此外，立姿作业时，还有作业者可变换位置，减少疲劳和厌烦，可利用平展的工作面而无需任何容膝空间等重要优点。

立姿作业的缺点在于：不易进行精确而细致的工作；不易转换操作；立姿时肌肉要做出更多的功以支持体重，故易引起疲劳；下肢负担较重，长期站立易引起下肢静脉曲张等。

3）坐立姿交替工作岗位

为了克服坐姿、立姿作业的缺点，在工作岗位上经常采用坐立姿交替作业的方式。

这种作业方式的优点在于，能使作业者在工作中变换体位，从而避免由于身体长时间处于一种体位而引起的肌肉疲劳。例如，长时间的单调的坐姿作业会引起心理性疲劳，改成立姿适当走动，有助于维持工作能力，而长时间的立姿作业会产生肌肉疲劳，坐下来就可以得到消除。

因此，坐立姿交替作业能吸收各自的长处，弥补各方面的短处，应尽可能用坐立姿交替作业方式，代替单纯的立姿作业方式。

三、作业空间设计的基本原则

随着工矿业企业向大型化、现代化方面发展，工作系统所用的能量日趋巨大，物质流量不断增加，对人的操作要求显著提高，这使作业空间设计变得越来越重要，并成为协调工作系统内人、机、环境等各个组成部分的相互关系和提高系统整体性能的最关键的措施之一。

在 GB/T 16251—2023《工作系统设计的人类工效学原则》中，给出了工作空间设计的一般原则：

（1）工作空间的设计应同时考虑人员姿态的稳定性和灵活性。

（2）应给人员提供一个尽量安全、稳固和稳定的基础借以施力。

（3）工作站的设计应考虑人体尺寸、姿势、肌肉力量和动作的因素。例如，应提供充分的作业空间，使工作者可以使用良好的工作姿态和动作的完成任务；允许工作者调整身体姿势，灵活进出工作空间。

（4）避免可能造成长时间静态肌肉紧张并导致工作疲劳的身体姿态，应允许工作者变换身体姿态。

作业场所的布置是在限定的作业空间内，设定合适的作业面后，显示器与控制器（或其他作业设备、元件）的定位与安排。对于一个作业场所而言，由于设施众多，不可能每一设施都处于其本身最理想的位置，这时必须依据一定的原则来安排。从人机系统整体来看，最重要的是保证方便、准确操作。

1. 重要性原则

根据人、机之间所交换信息的重要程度设计产品，将最重要的设施布置在离操作者最近或最方便的位置，保证操作者对重要信息和操作的准确性和效率。

2. 使用频率原则

根据人、机之间信息交换频率布置机器。将信息交换频率高的设施布置在操作者近处，便于操作者观察和操作。

3. 功能原则

根据产品的功能进行布置，把具有相同或同类功能的设施布置在一定区域内，以便于操作者学习、记忆和管理。

4. 使用顺序原则

根据人操作产品或观察显示器的顺序规律布置设施，可使操作者作业方便、高效。例如，开关电源、启动机床、看变速标牌、变换转速等。

在进行系统中各种设施布置时，需要综合考虑以上原则。通常，重要性原则和使用频率原则主要用于作业场所内设施的区域定位阶段，而使用顺序原则和功能原则侧重于某一区域内各设施的布置。有研究表明，按使用顺序原则布置设施，执行时间最短。

任务二 作业空间设计

作业空间并非只限于在一定作业姿势下的作业域以及作业者周围有限场地所组成的物理空间，还应满足作业者的心理和行动等方面的需求，以保证作业者具有安全、高效的作业氛围。

在 GB/T 14776—1993《人类工效学 工作岗位尺寸 设计原则及其数值》中，对三种工作岗位都给出了具体尺寸数据，图 1-5-1、图 1-5-2、图 1-5-3 是三种工作岗位的尺寸图示。图中尺寸符号代表的含义在表 1-5-1、表 1-5-2 里作了注明，可互相对照，此处不再另加解释。

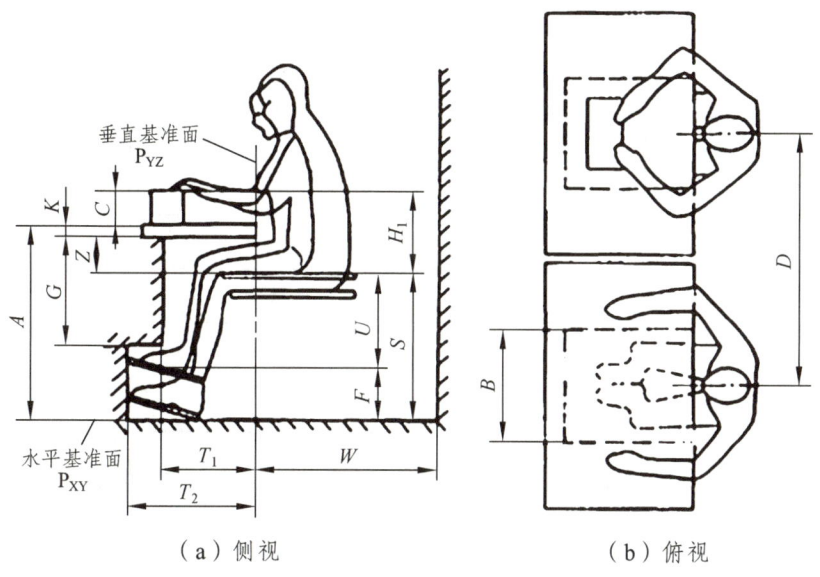

（a）侧视　　　　　　　　　（b）俯视

图 1-5-1　坐姿工作岗位的尺寸图示

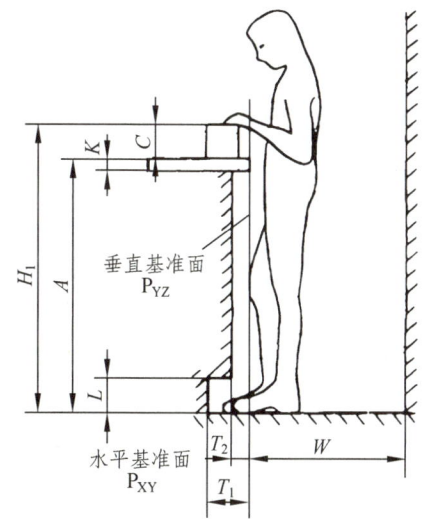

图 1-5-2　立姿工作岗位的尺寸图示

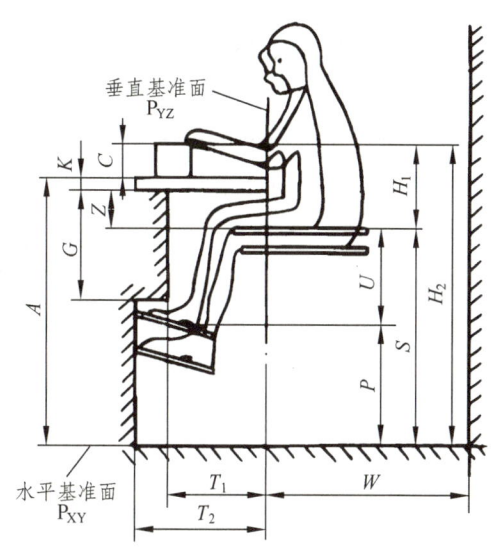

图 1-5-3　坐立姿交替工作岗位的尺寸图示

GB/T 14776—1993 按两种条件给出三种工作岗位的尺寸数据。一种是仅以人体尺寸为依据而不细分作业的类型，如表 1-5-1 所示。表 1-5-1 中所有尺寸的导出，均根据 GB/T 10000—2023 中的数据，遵循 GB/T 12985—1991 的人体尺寸百分位数选择原则。

表 1-5-1　以人体尺寸为依据的工作岗位尺寸　　　　　　　　　单位：mm

尺寸符号	坐姿工作岗位	立姿工作岗位	坐立姿工作岗位
横向活动间距 D	≥1 000		
向后活动间距 W	≥1 000		

续表

尺寸符号	坐姿工作岗位	立姿工作岗位	坐立姿工作岗位
腿部空间进深 T_1	≥330	≥80	≥330
脚空间进深 T_2	≥530	≥150	≥530
坐姿腿空间高度 G	≤340	—	≤340
立姿脚空间高度 I	—	≥120	—
腿部空间宽度 B	≥480	—	480≤B≤800
			700≤B≤800

第二种是把作业分为以下三种类型，分别给出了工作岗位的尺寸，如表 1-5-2 所示。

Ⅰ类：使用视力为主的手工精细作业；

Ⅱ类：使用臂力为主，对视力也有一般要求的作业；

Ⅲ类：兼顾视力和臂力的作业。

表 1-5-2 不同类型作业的工作岗位相对高度或高度　　　　单位：mm

类别	举例	坐姿岗位相对高度 H_1				立姿岗位工作高度 H_2			
		P5		P95		P5		P95	
		女(W)	男(M)	女(W)	男(M)	女(W)	男(M)	女(W)	男(M)
Ⅰ	调整作业；检验工作；精密元件装配	400	450	500	550	1 050	1 150	1 200	1 300
Ⅱ	分拣作业；包装作业；体力消耗大的重大工件组装	250		350		850	950	1 000	1 050
Ⅲ	布线作业；体力消耗小的小零件组装	300	350	400	450	950	1 050	1 100	1 200

不同的作业类型，人体操作有不同的要求：精细作业的工作对象离头部要近，以便能看得仔细；重作业操作中要挥动手臂，甚至借助腰的力量，工作对象位置宜低于肘高（注意，肘部与腰部的高度大体相当）；一般较轻作业的工作高度则介于两者之间。所以立姿下工作台面的高度因作业类型不同而与立姿肘高有不同的相对关系，具体尺寸可参照图 1-5-4。

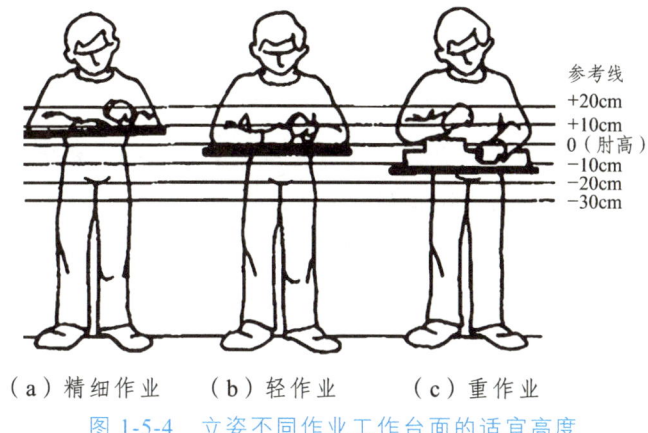

（a）精细作业　　（b）轻作业　　（c）重作业

图 1-5-4　立姿不同作业工作台面的适宜高度

一、坐姿作业空间设计

1. 坐　姿

坐姿作业是人体常用的操作姿态，主要有以下优点：
（1）不易疲劳，持续工作时间长；
（2）身体稳定性好，操作的精度高；
（3）手脚可以并用作业。

鉴于以上特点，坐姿适合以下几种作业：
（1）精密作业，如书写、计算机操作、小部件的装配等；
（2）施力较小的作业（提重物时不大于 4.5 kg）；
（3）作业所需的工具、材料等在坐姿状态下易于拿到。

坐姿作业空间
基础知识

2. 坐姿作业空间

坐姿作业空间的范围受上肢的活动范围尤其是功能性臂长的约束。在垂直面和水平面上人体上肢所能达到的运动区域，即坐姿作业空间的尺寸如图 1-5-5 所示。

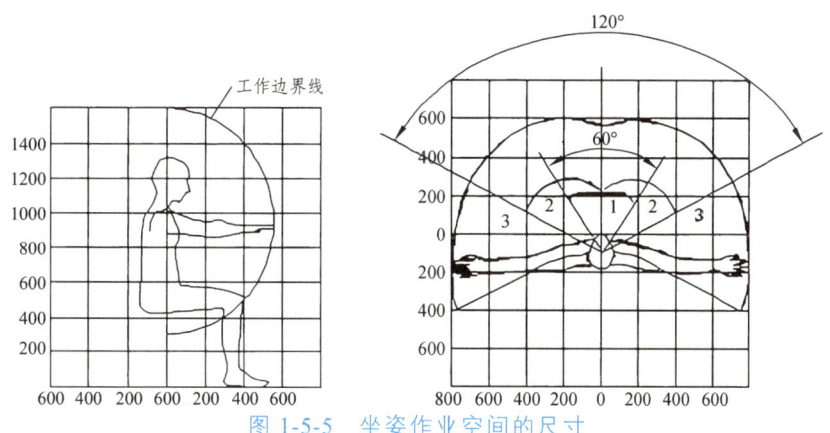

图 1-5-5　坐姿作业空间的尺寸

注：1. 人体上肢操作范围的最佳区域（适宜配置最重要和使用最频繁的显示器、控制器）。
　　2. 人体上肢操作范围中容易达到的区域（适宜配置较重要和使用较频繁的显示器、控制器）。
　　3. 人体上肢操作范围中能够达到的最大区域（适宜配置不重要和使用不频繁的显示器、控制器）。

二、立姿作业空间设计

1. 立 姿

相对于坐姿而言，站姿操作允许的作业范围更大，且操作者可以自由地移动。一般来说，站姿作业有以下优点：

立姿、坐立姿作业空间基础知识

（1）可活动空间增大，适合来回走动和经常变换体位的作业，如纺织挡车工，普通车床的操作等。

（2）手的力量增大，即人体能输出较大的操纵力；

（3）不需要容膝空间，相对坐姿而言，所需的作业空间更小。

2. 立姿作业空间

同坐姿作业空间类似，由于人体上肢的操作特性，站姿作业空间也分为最佳区、易达区和可达区。在垂直面和水平面上站姿作业空间的尺寸如图 1-5-6 所示。

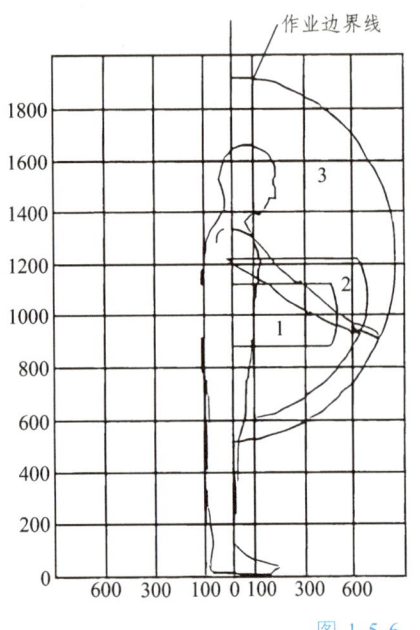
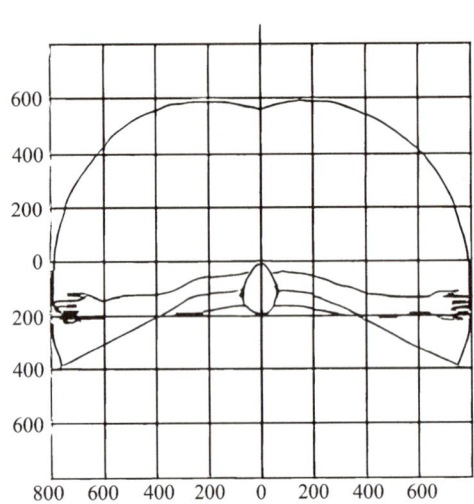

图 1-5-6　站姿作业空间的尺寸

注：1. 人体上肢操作范围的最佳区域（适宜配置最重要和使用最频繁的显示器、控制器）。
　　2. 人体上肢操作范围中容易达到的区域（适宜配置较重要和使用较频繁的显示器、控制器）。
　　3. 人体上肢操作范围中能够达到的最大区域（适宜配置不重要和使用不频繁的显示器、控制器）。

三、坐立姿交替作业空间设计

某些作业的作业面总能保持在一定的区域内，并且不要求作业者始终保持站姿，在作业的一定阶段，也可以坐姿操作。这时就可以采用坐、立交替的作业姿势。采用这种作业姿势既可以避免由于长期站姿操作而引起的疲劳，又可以在较大的区域内活动以完成作业，同时，稳定的坐姿可以帮助作业者完成一些较精细的作业。当然并不是所有的作业都可以采用坐、立交替的作业姿势，它只适合一些特殊的作业。如作业中需要重复前伸超过 41 cm 或高于 15 cm 的操作等。

坐、立姿交替作业综合了坐姿和站姿的特点：作业面固定，坐、立姿交替作业的工作椅面较高，作业面也相应提高，故作业空间的尺寸在水平面上可参照坐姿的作业空间尺寸，在垂直面中可参照站姿的作业空间尺寸。

习　题

（一）单选题

1. 全身进入的各种姿势所需的最小作业空间尺寸，应根据有关人体测量项目的第（　　）百分位数进行设计。
① 5　　　　　　　② 50　　　　　　　③ 95　　　　　　　④ 15

2. 对于坐姿作业形式，固定的工作面高度是按照坐高或坐姿肘高的第（　　）百分位数值设计的。
① 5　　　　　　　② 50　　　　　　　③ 95　　　　　　　④ 15

3. 全身进入的各种姿势所需的最小作业空间尺寸，应根据有关人体测量项目的第（　　）百分位数进行设计。
① 5　　　　　　　② 50　　　　　　　③ 95　　　　　　　④ 15

4. 为了保障人体安全，避免人体与危险源（如机械转动部位等）直接接触所需要的空间称为（　　）。
① 作业活动空间　　　　　　　② 作业接触空间
③ 安全防护空间　　　　　　　④ 作业休息空间

5. 在作业空间设计时，一般要将最重要的和常用的装置或工具，放在最＿＿＿的范围之内。
① 可见　　　　　② 可及　　　　　③ 有利　　　　　④ 短

（二）多选题

1. 需要采用坐姿工作的有（　　）。
　　A. 持续时间较长的工作　　　　B. 精确和细致的工作
　　C. 要用较大力气的作业　　　　D. 需要手足并用的作业

2. 作业空间是作业者进行作业的场所及其空间，按安全程度分为（　　）。
　　A. 一般空间　　　　　　　　　B. 安全空间
　　C. 潜在危险空间　　　　　　　D. 危险空间

（三）简答题

1. 作业空间设计的基本原则是什么？
2. 坐姿作业的优点和缺点是什么？
3. 坐立姿交替作业的优点是什么？

理论知识篇

项目六 人机系统信息界面

在人和设备之间存在一个相互作用的作用面，所有人机信息交流都发生在这个作用面上，通常称为人机界面，显示系统是将机器工作的信息传递给人，实现机—人信息传递。是人-机系统稳定、安全、高效、宜人运行的主要条件。人的感觉主要有视觉、听觉、肤觉、味觉、嗅觉和平衡感等，人通过这些感觉的相应器官接受来自机器发出的刺激而获得信息。人接受到来自设备的信息，经过大脑加工处理并做出决策，通过人的肢体使设备的控制器动作，实现人—机信息传递。并使信息传递方便、安全、省力、舒适和有效。

项目六将人机界面的显示、控制以及它们之间的关系的设计进行分析和探讨。

知识目标

1. 了解人体系统信息界面的基本要素组成和基本联系。
2. 掌握显示器和控制的类型、设计原则。
3. 理解不同类型的信息界面的特点和适用场景。

能力目标

1. 能够根据用户需求，设计和评估不同类型的信息界面。
2. 能够解决实际人机交互中遇到的问题，优化用户的使用体验。
3. 能够分析和解决因人机交互问题而导致的操作错误、安全问题等。

素质目标

1. 提高学生的创新思维和批判性思维，以应对人机交互的复杂问题。
2. 培养学生的责任感和职业道德，以确保人机系统的安全性和可靠性。

任务一 人机界面及其机具系统

在人机系统中，存在着一个人与机相互作用的"面"，所有的人机信息交流都发生在这个"面"上，通常人们称这个面为人机界面。在人机界面上，向人们表达机械运转状态的仪表或器件称作显示器，供人们操纵机械运转的装置或器件称作控制器。对

人机界面机具系统、显示装置类型

机械来说，控制器执行的是功能是输入，显示器执行的功能是输出。对人来说，通过感受器接受机械的输出效应是输入；通过运动器操纵控制器，执行人的指令则是输出。如果把感受器、中枢神经系统和运动器作为人的三个要素，而把机械显示器、机体和控制器作为机械的三要素，则图 1-6-1 给出了他们之间的联系。

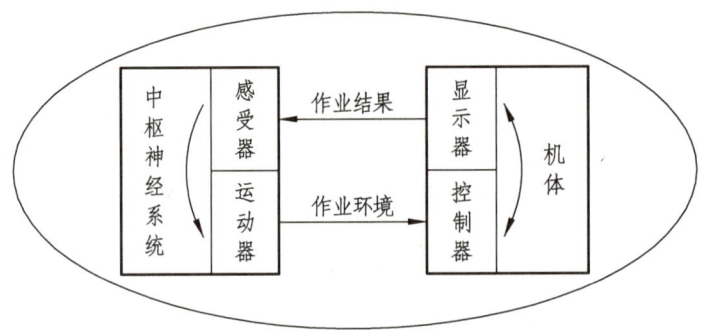

图 1-6-1　三要素基本模型

一、人机界面

人机界面为人与机器子系统的匹配面，可分为如下三部分：
① 显示器与人的信息通道的匹配；
② 操纵器与人的运动系统的匹配；
③ 人机与环境要素的匹配。
在作业过程中，信息从人机界面流过，人、机要通过人机界面相互作用。
人机界面设计优良，则信息畅通，各要素相互作用正常，系统则处于较佳状态。而不良的界面设计将影响系统效率和人的健康，甚至由于人的误操作引发安全事故。

二、人机界面机具系统

机具系统通常是指由人机系统中所有机械设备、劳动工具组成的子系统。具体对人机界面设计来说，它是指系统中处于人机交界面的机具，主要包括显示器和操纵控制器两类。
人机系统中信息界面设计的重点主要包括以下内容。

1. 显示器的可识别性设计

显示器的可识别性设计目标包括：
（1）信息刺激量强度适宜，易使操作者眼能看到、耳能听到、触觉能感觉到；
（2）信息标志明确，易使操作者明了信息所代表的内容，不致误读、误听、误判；
（3）符合人的心理和生理特征；
（4）安全可靠，对人无伤害。

2. 操纵控制器的可控性设计

操纵控制器的可控性设计目标包括：
（1）尺寸、形状符合人体参数；
（2）控制力大小符合操作者的体力参数，尽量采用省力装置，保持合理的阻力；
（3）手感舒适，对人无伤害，并配有安全装置。

任务二　显示器设计

在人机系统中，人对有关信息的感知可以是直接的，也可以是间接的。随着信息量的增加以及要求准确、及时、充分地获得信息，间接感知系统的信息越来越多，这就要通过信息显示装置及其系统来实现。

信息显示装置又称显示器，是人-机系统中专门用来向人传达机器和设备性能参数、运转状态、工作指令，以及其他信息的装置，其共同的特征是能够把机器设备的有关信息以人能接受的形式显示给人。

一、显示器的类型

显示器是机器将信息传递给人的装置，即人机信息交换的界面。显示装置是人机系统中人机界面的主要组成部分之一。人依据显示装置所传示的机器运行状态、参数、要求，才能进行有效的操纵、使用。信息传递与处理的速度、质量直接影响工作效率。由于显示器的设计决定着操作者接受信息的速度和准确度，所以现代工业产品设计必须重视显示器设计。

显示装置按人接受信息的感觉器官可分为：视觉显示装置、听觉显示装置、触觉显示装置。它们所传递的信息特征如表 1-6-1 所示。从设计的角度来看，视觉通道最为重要，它接受外界信息量可达人接受信息总量的 85%，另外 15%左右的信息量则是通过听觉、触觉、嗅觉等感觉通道获得。因此，视觉显示器设计是显示器设计的重点。

表 1-6-1　三种显示方式所传递的信息特征

显示方式	所传递的信息特征	显示方式	所传递的信息特征
视觉显示	比较复杂、抽象的信息或含有科学技术术语的信息； 传递的信息很长或需要迟延者； 须用方位、距离等空间状态说明的信息； 以后有被引用的可能的信息； 所处环境不适合听觉传递的信息； 适合视觉传递，但听觉负荷已很重的场合； 不需要急迫传递的信息； 传递的信息常须同时显示、监督和操纵	听觉显示	较短或无需迟延的信息； 简单且要求快速传递的信息； 视觉通道负荷过重的场合； 所处环境不适合视觉通道传递的信息
		触觉显示	视、听觉通道负荷过重的场合； 使用视、听觉通道传递信息有困难的场合； 简单并要求快速传递的信息

视觉显示的主要优点是：能传示数字、文字、图形符号，甚至曲线图表、公式等复杂的和科技方面的信息，传示的信息便于延时保留和储存，受环境的干扰相对较小。听觉显示的主要优点是：即时性、警示性强，能向所有方向传示信息且不易受到阻隔，但听觉信息与环境之间的相互干扰较大。由于人对突然发生的声音具有特殊的反应能力，所以听觉显示器作为紧急情况下的报警装置，比视觉显示器具有更大的优越性。

仪表是信息显示器中应用极为广泛的一种视觉显示器。一般可按显示形式分为数字显示器和模拟式显示器两大类。

（1）数字式显示器是直接用数码来显示信息的仪表，如各种数码显示屏、机械或电子的数字计数器等。其优点为：作为定量显示，在静态显示的条件下数字显示产生的误读率较低，而且认读需占用的时间也较短。

格雷瑟在 1949 年用八个指针式仪表和一个数字显示仪表作为显示飞机不同高度的飞机高度计，如图 1-6-2 所示，对受过训练的飞行员和大学生进行认读实验，发现飞机上原来采用的三针式高度计误读率最高并且认读时间最长。

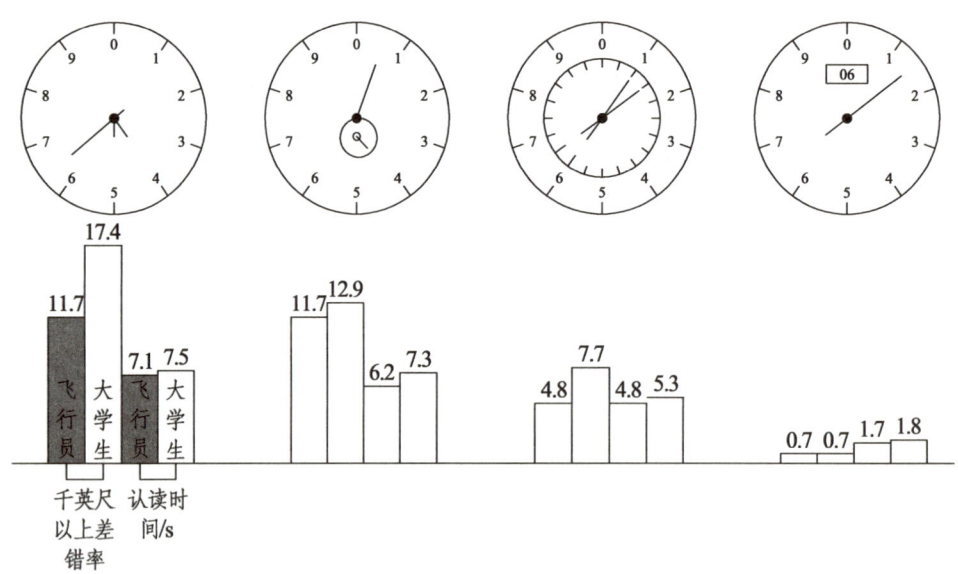

图 1-6-2　格雷瑟的实验仪表

（2）模拟式显示器是用标定在刻盘上的指针来显示信息的，如手表、电流表、电压表等。这类显示器的优点为：不仅用来提供准确的定量信息，许多情况下还要表示机器稳定状态，给出供检查用的信息等。

（3）模拟式与数字式显示器的功能比较如表 1-6-2 所示。

表 1-6-2　模拟式与数字式显示仪表的特点

比较项目	模拟式仪表		数字式仪表
	指针活动式	指针固定式	
数量信息	中：指针活动时读数困难	中：刻度移动时读数困难	好：能读出精确数值，速度快，差错少
质量信息	好：易判定指针位置，不需要读出数值和刻度就能迅速发现指针的变动趋势	差：未读出数值和刻度时，难以确定变化的方向和大小	差：必须读出数值，否则难以得到变化的方向和大小
调节性能	好：指针运动与调节活动具有简单而直接的关系，便于调节和控制	中：调节运动方向不显示，难控制指针变动，快速调节时不宜读数	好：数字调节的监控结果精确，快速调节时难以读数
监控性能	好：能很快地确定指针位置并进行监控，指针位置与监控活动关系最简单	中：指针无变化有利于监控，但指针位置与监控活动关系不明显	差：不便按变化的趋势进行监控
一般性能	中：占用面积大，仪表照明可设在控制台上，刻度的长短有限，尤其在使用多指针显示时认读性差	中：占用面积小，仪表需局部照明，只在很小范围内认读，认读性好	好：占用面积小，照明面积也最小，刻度的长短只受字符、转鼓的限制
综合性能	价格低，可靠性高，稳定性好，易于显示信号的变化趋势，易于判断信号值与额定值之差		精确高，认读速度快，无误差，过载能力强，易于计算机联用
局限性	显示速度较慢，易受冲击和振动影响，过载能力差，质量监控困难		价格偏高，显示易于跳动或失效，干扰因素多，须内附或外附电源，原件存在失效问题
发展趋势	降低价格，提高精度与显示速度，采用模拟与数字显示混合型仪表		降低价格，提高可靠性，采用智能化显示仪表

二、显示器的设计原则

1. 准确性原则

要求显示装置的设计，尤其数字认读的显示装置的设计应尽量使用读数准确。读数的准确性可通过类型、大小、形状、颜色匹配、刻度、标记等的设计解决。如垂直长条形误读率最高，开窗式误读率最低，但不宜单独使用，所以汽车的速度表、燃油表多采用开窗式。

2. 简单性原则

应使传递信息的形式尽量直接表达信息内容，尽量减少译码的错误；不适用不利于识读的装饰；尽量符合使用目的，越简单越清晰越好。比如在汽车内设仪表中，应避免使用不利于识读的装饰。

3. 一致性原则

应使显示器指针运动的方向与机器本身或者与控制器运动的方向一致，例如显示器上的数值增加，就表示机器作用力的增加或设备压力的增大；显示器的指针旋转方向应与机器控制器的旋转方向一致，如汽车方向盘运动的方向与汽车轮胎转动的方向一致。

4. 排列性原则

关于显示器的装配位置或几种显示器的位置排列要认真考虑，其位置的排列应该遵循以下原则：

（1）最常用的和最主要的显示器应尽可能安排在视野中心3°范围之内，因在这一视野范围内，人的视觉效率最优，显示器也最能引起人的注意。

（2）当显示器很多时，应按它们的功能分区排列，区与区之间应有明显界限。

（3）显示器应尽量靠近，以缩小视野范围。

（4）显示器的排列要适合于人的视觉特征。例如，汽车内部仪表排列应用人眼的水平运动比垂直运动快且幅度宽的规律，仪表水平排列的范围可以比垂直方向大。

三、视觉显示器设计

（一）指针式仪表的设计

模拟式仪表显示器的设计

指针式仪表是用模拟量来显示机器有关参数与状态的视觉显示装置，其特点是显示的信息形象、直观，监控作业效果好。

1. 刻度盘的形式

刻度指针式仪表的常见形式如图 1-6-3 所示。图 1-6-3（a）称为开窗式，认读区域很小，视线集中，因此读数准确快捷，但对信息的变化趋势及状态所处位置不易一目了然，跟踪调节也不方便，今后会因数字式仪表的发展而逐渐被替代。图 1-6-3（b）所示的半圆形仪表盘实际上与如图 1-6-3（f）所示的非整圆形仪表盘的特点是类似的，只不过非整圆形仪表盘在式样上显得更灵活一些。图 1-6-3（c）为圆形仪表盘，视线的扫描路径短，认读较快，缺点是读数的起始点和终止点可能混淆不清。图 1-6-3（d）和（e）两种都是直线形的仪表盘，观察时视线的扫描路径长，因此认读比较慢，误读率高，是图示几种形式中较差的形式。由人的视觉运动特性（目光水平方向巡视比铅垂方向快）可知，铅垂直线形比水平直线形刻度盘的认读性更差。

   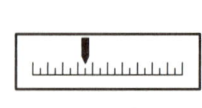 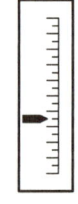

（a）开窗式　　（b）半圆形　　（c）圆形　　（d）水平直线形　　（e）铅垂直线形

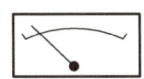 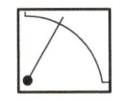 

（f）非整圆形

图 1-6-3 刻度指针式仪表的形式

2. 仪表刻度盘的尺寸

仪表刻度盘尺寸选取的原则是：在基本保证能清晰分辨刻度的条件下，应选取较小的直径。人们常认为刻度盘尺寸大一点，更容易看清楚。刻度盘尺寸太小，分辨刻度困难，固然不行。但如果在能分辨刻度的情况下继续加大刻度盘尺寸，就使认读时视线扫描路径增加，不但使认读时间加长，也使误读率上升。另外，刻度盘大了也不利于设计的紧凑和精致。

测试研究表明，刻度盘外轮廓尺寸（例如圆形刻度盘的直径）D 可在观察距离（视距）L 的 $1/23 \sim 1/11$ 范围选取。表 1-6-3 给出的刻度盘尺寸与视距的关系，已经考虑了刻度标记数量的影响。

表 1-6-3 刻度盘最小尺寸、标记数量与视距的关系

刻度标记的数量	刻度盘的最小直径/mm	
	视距为 500 mm	视距为 900 mm
38	26	26
50	26	33
70	26	46
100	37	65
150	55	98
200	73	130
300	110	196

从视觉的角度来说，仪表盘的外轮廓尺寸实际上是仪表盘外边缘构件形成的界线尺寸。因此该界线的宽窄、颜色的深浅都影响仪表的视觉效果，也是仪表造型设计中应适当处理的因素。从视觉考虑，以能"拢"得住视线，又不过于"抢眼"、不干扰对仪表的认读为佳。

3. 刻度、刻度线

1）刻度标值

刻度值的标注数字应取整数，避免小数或分数。每一刻度，对应 1 个单位值，必要时也可以对应 2 个或 5 个单位值，以及它们的 10、100、1 000……倍。刻度值的递增方向应与人的视线运动的适宜方向一致，即从左到右、从上到下，或顺时针旋转方向。刻度值宜只标注在长刻度线上，一般不在中刻度线上标注，尤其不标注在短刻度线上。如图 1-6-4 所示，为刻度标值适宜与不适宜的示例。

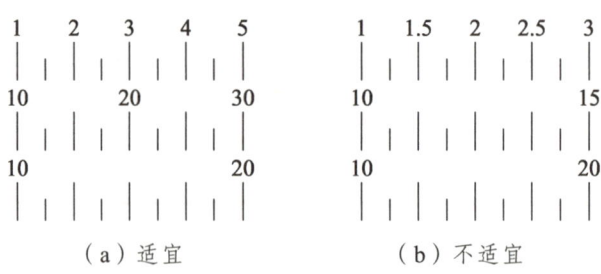

图 1-6-4 适宜与不适宜的刻度标值示例

2）刻度间距

刻度盘上两个最小刻度标记（如刻度线）之间的距离称为刻度间距，简称刻度。刻度太小，视觉分辨困难；刻度过大，也使认读效率下降。实验测定，在一般的照明条件下，刻度间距 D 与视距 L 应有关系：

$$\frac{5}{3438}L \leqslant D \leqslant \frac{11}{3438}L, \text{ 或 } \frac{L}{700} \leqslant D \leqslant \frac{L}{300}$$

当要求认读速度较快，例如观察时间在 0.5 s 以下时，刻度应在上式中取接近上限的数值，甚至可以适当加大，且最小刻度间距不宜小于 0.8 mm。刻度间距的最小值还受到刻度盘材料加工性能的影响，钢、铝和有机玻璃等的最小刻度为 1.0 mm，黄铜和锌白铜的最小刻度为 0.5 mm。

3）刻度线

刻度线一般分短、中、长三级，如图 1-6-5 所示。刻度线的宽度一般可在刻度间距的 1/3～1/8 的范围内选取。若刻度线的宽度能按短线、中线、长线顺序逐级加粗一些，将有利于快速地正确认读，图 1-6-6 是三级刻度线宽度、长度的一个示例。刻度线的长度基本取决于观察视距，参考值见表 1-6-4。

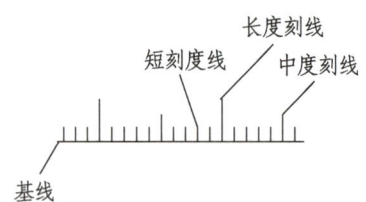

图 1-6-5 三级长度的刻度线

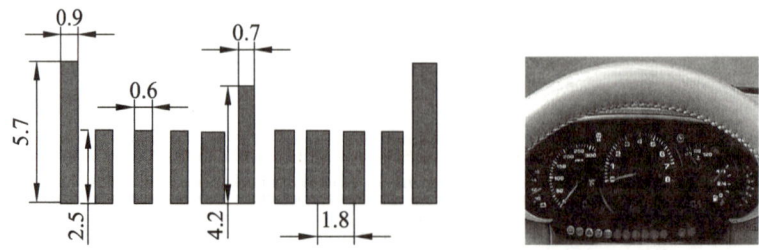

图 1-6-6 三级刻度线宽度、长度的示例

表 1-6-4　刻度线长度与视距的关系

视距/m	刻度线长度/mm		
	长刻度线	中刻度线	短刻度线
$D<0.5$	5.5	4.1	2.3
$0.5 \leq D<0.9$	10.0	7.1	4.3
$0.9 \leq D<1.8$	20.0	14.0	8.6
$1.8 \leq D<3.6$	40.0	28.0	17.0
$3.6 \leq D \leq 6.0$	67.0	48.0	29.0

4）指针与盘面

（1）指针式仪表设计。

模拟显示的指针式仪表是最普遍和最常用的一种显示器。模拟显示的指针式仪表的设计通常要考虑以下因素：

① 是否选择了有利于显示与认读的最佳形式，如颜色、照明和其他感觉系统相配合的条件是否适宜；

② 刻度的划分是否准确，刻度盘上的字符布局是否恰当；

③ 显示器是否可以及时发出信息，并能真实反映设备的当前状态；

④ 显示器的信息含意是否明确，是否会使人误解；

⑤ 在许多信息的情况下，信息是否容易混淆，是否可以明确区分同时显示的不同信息；

⑥ 显示器的布局是否合理，是否布置在人的最佳视觉范围内，并能符合人的视觉流程；

⑦ 显示器是否与操纵装置之间协调对应，与操纵者之间的观察距离是否恰当。

（2）指针式仪表的设计形式。

按照指针与刻度盘的不同相对运动方式，指针式仪表可分为回转式和平移式。

① 回转式：指针绕固定点转动，在回转圆周上标有刻度。这类仪表通常为圆形、半圆形、扇形。指针固定，刻度盘转动，也属此类。

② 平移式：指针与刻度之间的相对运动沿同一直线方向。

（3）指针式仪表的刻度盘设计。

① 刻度盘：试验表明，直径为 30～70 mm 的刻度盘，在认读的准确性上没有什么差别，在此范围之外都会使误读率上升。

② 刻度：刻度盘上刻度线之间的距离为刻度。刻度的大小是根据人眼的最小分辨能力来确定的。一般在 1～2.5 mm 之间选取，也可大到 4～8 mm。

③ 刻度线：刻度线一般有长刻度线、中刻度线和短刻度线之分。刻度线的宽度一般取刻度间距的 5%～15%，普通刻度线的宽度通常为 0.1 mm 左右。实验研究表明：当刻度线宽度为刻度间距的 10%时，读数误差最小。

（4）指针设计。

为了准确而迅速地显示信息，指针的大小、宽窄、长短和色彩配置等必须符合监控人员的生理与心理特征。

指针形状应力求简单、指示明确、不附加装饰。指针尖的宽度应与最短的刻度线等宽。指针与刻度盘的配合应尽量贴近。对高精度的仪表，指针与刻度盘必须装配在同一平面内。指针的长度要合适，指针长会覆盖刻度标记，指针短会离开刻度，从而给准确判读带来困难。一般认为指针距刻度 1.6 mm 左右为宜。指针与刻度盘的关系如图 1-6-7 所示。

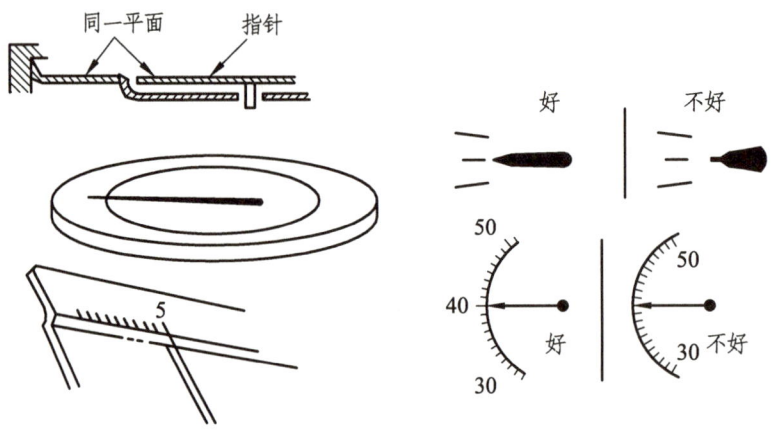

图 1-6-7　指针与刻度盘的关系

（5）数字立位。

刻度线上标度数字在刻度盘上的位置，应与观察者的视觉特点相适应，尽量做到清晰、明了和利于认读，数字要垂直放置。在刻度盘上除刻度线和必须的数字外，不应有多余的装饰，一些说明仪表使用环境、精度的字符应安排在不显著位置。如图 1-6-8 所示，为刻度盘上数字的好与不好的立位。

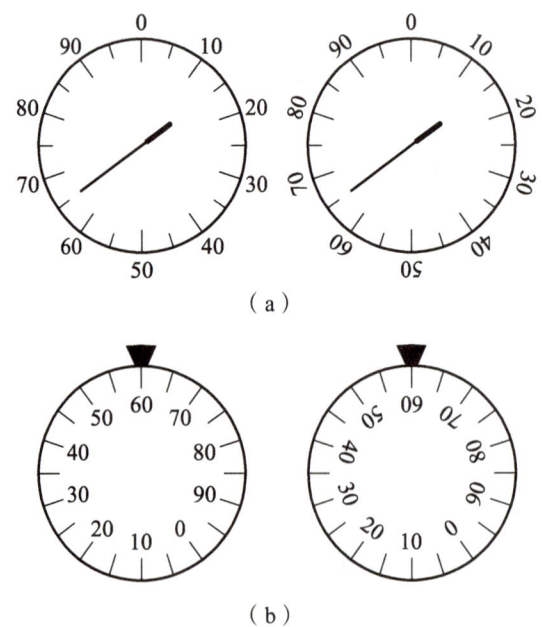

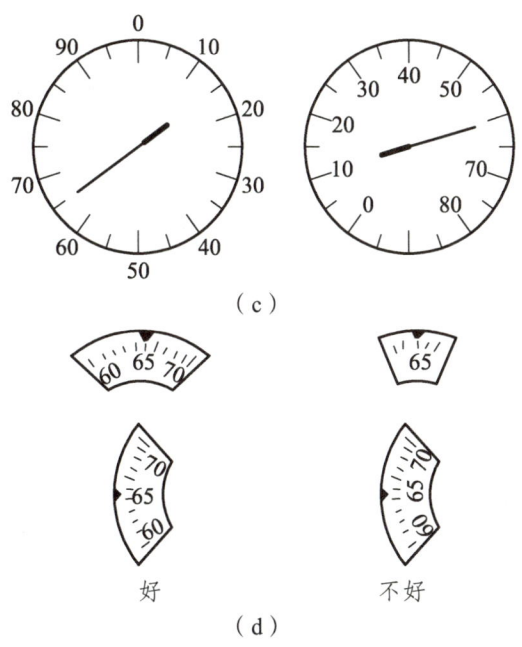

图 1-6-8 刻度盘上数字的立位

（6）色彩匹配。

刻度盘、指针、刻度线、数字之间的配色关系要以提高人眼的视认度为原则。配色要求醒目，条理性强，避免颜色过多而造成混乱。同时还要充分考虑仪表使用过程中与其他仪表之间配色协调，使总体效果舒适、明快。具体配色的级次如表 1-6-5 所示。

表 1-6-5 配色的级次

级次		1	2	3	4	5	6	7	8	9	10
清晰	底色	黑	黄	黑	紫	紫	蓝	绿	白	黑	黄
	被衬色	黄	黑	白	黄	白	白	白	黑	绿	蓝
模糊	底色	黄	白	红	红	黑	紫	灰	红	绿	黑
	被衬色	白	黄	绿	蓝	紫	黑	绿	紫	红	蓝

通常在刻度盘明亮的背景上配以黑色（暗色）标志、数字、指针要比在暗背景上配明亮的标志、读数和指针更有利于认读。

（二）数字显示器的设计

数码和字符的设计，应使与其他数码和字符相区别的特征得以加强，而使那些容易与其他数码和字符混淆的部分得以减弱。并在不同的视觉条件下（可见度、瞬间辨认等），使数码和字符具有便于认读的特征。

数字式仪表
显示器的设计

1. 数码形状设计

数字式仪表能够定量显示机器设备系统运行过程中的精确数值及量的变化。目前，最常用的有机械式数字显示和电子数字显示两种形式。

1）机械式数字显示

机械式数字显示主要是依靠机械装置来实现数字的显示和变化。其中一种是把数字印制在可转动的卷筒上，通过感应器使卷筒转动，从而达到数字的变化和显示效果。这种形式结构简单，但不利于检索和控制。另外一种是把数字印制在可翻转的金属薄片上，通过金属片的可控制翻转来显示数字，这种形式使用方便，且可准确控制显示，但容易出现阻卡现象。

机械式数字显示时，两组数值变化的间隔时间不能少于 0.5 s，否则会给认读带来不方便。机械式数字显示的数字符号不宜使用狭长形，否则会因移动而产生视觉变形，不利于认读；数字间隔不宜过大，否则不容易读全数，而造成失误；多位数时，后面零位须表示，而前面的空位可不用零来补位，空起来反而容易看清楚。

2）电子数字显示

电子数字显示常见于液晶显示和发光二极管显示。由于电子显示具有很多优良性能，故被广泛用于各种显示器之中。

电子显示可更方便地与计算机或各种电气系统连接，使之具有更好的可控性。利用不同颜色的电子显示，可以在显示数字的同时又可以进行颜色编码，从而实现多种用途的显示。发光二极管还具有在工作时不需外加照明就能具有较高清晰度的优势。

2. 字符形状设计

仪表刻度盘上印刻的数字、字母、汉字和一些专用的符号，统称为字符。由于刻度的功能是通过字符加以完备的，字符的形状、大小和立位直接影响着识读效率。因此，字符的设计应力求能清晰地显示信息，给人以深刻的印象。

字符形体设计时，为了使字符形体简单醒目，必须加强各字符本身的特有笔画，突出"形"的特征，避免字体的相似性。图 1-6-9 中的数码管七段字体由于字体相似，当需要快速识读时很容易误读。

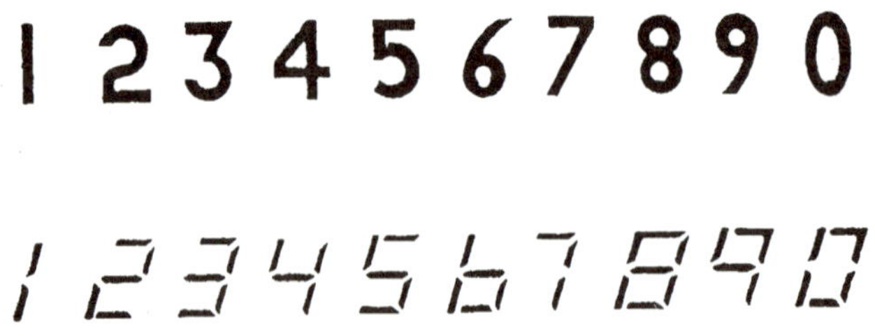

图 1-6-9　铅字体与数码管七段字体

汉字字体对识读效率也有影响，越是对字体进行修饰，误读率越高。

在汉字大小一定的情况下，识读效率还受视距、照明条件和汉字笔画数的影响。为保证一定的识读效率，视距与笔画数和照明条件须满足下列关系。

$$Y = 10.3 - 0.24n - 3\lg E - b$$

式中，Y——最大视距（单位：m）；

n——笔画数；

E——照度值（单位：lx）；

b——与字大小有关的待定参数。

在刻度的大小一定的条件下，为了便于识读，字符应尽可能的大。

3. 数码和字符大小设计

视觉传达设计中文字的合理尺寸涉及的因素很多，主要有观看距离（视距）的远近、光照度的高低、字符的清晰度和可辨性、要求识别的速度快慢等。其中清晰度、可辨性又与字体、笔画粗细、文字与背景的色彩搭配对比等有关。若上述这些因素不同，文字的合理尺寸相差很大。所以各种特定、具体条件下的合理字符尺寸，常需要通过实际测试才能确定。

若满足以下三个方面的一般条件，即① 中等光照强度；② 字符基本清晰可辨（不要求特别高的清晰度，但也不是模糊不清）；③ 稍作定睛凝视即可看清，则经人机学工作者测定的基本数据是

$$\frac{1}{300}L \leq D \leq \frac{1}{200}L$$

其中，D——字符的高度尺寸；

L——视距。

通常情况下，若取其中间值，则有

$$D = \frac{L}{250}$$

由这一简单公式，得到视距 L 与字符高度尺寸 D 之间的对照关系如表 1-6-6 所示。

表 1-6-6　一般条件下字符高度尺寸 D 与视距 L 的对照关系

视距 L/m	1	2	3	5	8	12	20
字符高度尺寸 D/mm	4	8	12	20	32	48	80

如果情况与上述三条"一般条件"基本符合或接近，则表 1-6-7 所列数据可直接或参照使用。

表 1-6-7　仪表盘上字符的高度与视距

视距 D/m	字高 L/mm	视距 D/m	字高 L/mm
$D<0.5$	2.3	$1.8 \leq D<3.6$	17.3
$0.5 \leq D<0.9$	4.3	$3.6 \leq D<6.0$	28.7
$0.9 \leq D<1.8$	8.6		

1）字符的笔画粗细

笔画少字形简单的字，笔画应该粗；笔画多字形复杂的字，笔画应该细。

光照弱的环境下字的笔画需要粗，光照强的环境下字的笔画可以细。

视距大而字符相对小时笔画需要粗，反之笔画可以细。

浅色背景下深色的字笔画需要粗，深色背景下浅色的字笔画可以细。

较极端的情况是：白底黑字需要更粗一些，黑底白字可以更细一些；暗背景下发光发亮的字尤其应该细。

2）字符的排布

视觉传达中字符排布的一般人机学原则如下：

从左到右的横向排列优先；必要时采用从上到下的竖向排列；尽量避免斜向排列。

行距一般取字高的 50%～100%。字距（包括拉丁字母和阿拉伯数字间的间距）不小于一个笔画的宽度。拼音文字的词距不小于字符高度的 50%。

若文字的排布区域为竖长条形，且水平方向较窄，容纳不下一个独立的表意单元（可能是一个词汇、或词汇连缀等），则汉字可以从上到下竖排，但拼音文字应采用将水平横排逆时针旋转 90°的排布形式。

同一个面板上，同类的说明或指示文字宜遵循统一的排布格式。

3）字符与背景的色彩及其搭配

字符与背景的色彩及其搭配如图 1-6-10 所示。

清晰的配色										
序号	1	2	3	4	5	6	7	8	9	10
背景色	黑	黄	黑	紫	紫	蓝	绿	白	黑	黄
主体色	黄	黑	白	黄	白	白	白	黑	绿	蓝
效果	颜	颜	颜	颜	颜	颜	颜	颜	颜	颜
模糊的配色										
序号	1	2	3	4	5	6	7	8	9	10
背景色	黄	白	红	红	黑	紫	灰	红	绿	黑
主体色	白	黄	绿	蓝	紫	黑	绿	紫	红	蓝
效果			颜	颜	颜	颜	颜		颜	颜

图 1-6-10　颜色的搭配及清晰程度

四、显示器的布局

（一）指针式仪表群的布局

指针式仪表群主要用于检查显示，监控者往往对多个相同形式的仪表同时进行观察，这样多个相同形式的仪表就构成了一个仪表群，并表征机器或设备整个系统的运行状态。

当机器或设备的整个系统运行状态正常时，许多仪表指针都处于稳定的显示状态；

仪表布置

一旦某一部分出现异常，相关的那个仪表就会出现变位显示。因此，仪表群的布局应当有利于发现这种异常，布局效果如图1-6-11所示。实验研究表明，当每一个仪表在仪表群的排列中，其零点位置方向都一致时，认读异常变位时的效果最佳。

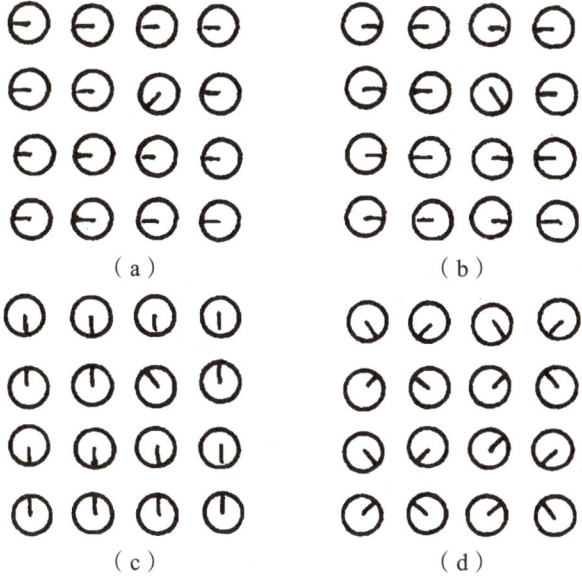

图1-6-11 仪表群的布局效果比较

（二）显示器板面布局

1. 显示器板面的尺度与视野界限

显示器板面的水平方向和垂直方向的尺度应适合于人的视界范围。为了在水平方向上能使视线迅速有效地扫视，显示器板面的宽度应在人的视角30°~40°范围内，当头部转动时，水平视界的范围不超过90°。在垂直方向上，最佳的视角范围为视平线以下0°~30°范围。允许布置的界限是从视平线起，向上30°，向下45°。

图1-6-12为在垂直方向上，站坐综合式使用的显示器板面的尺寸及视野界限。

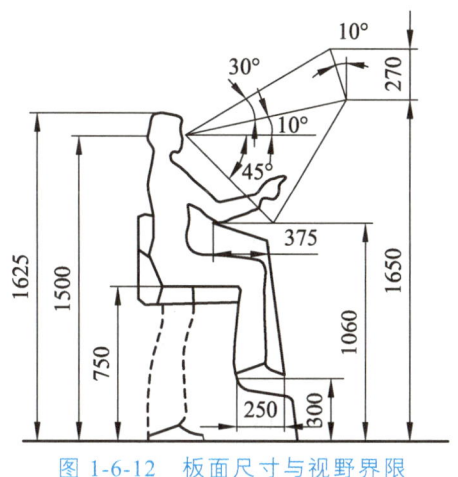

图1-6-12 板面尺寸与视野界限

101

2. 显示器板面的最佳认读范围及布局

根据实验结果，在距离显示器板面 80 cm 的情况下，若眼球不动，水平视野 20°范围内为最佳认读范围，其正确认读时间约为 1 s 左右。当水平视野超过 24°以后，正确认读时间开始急剧增加。因此，水平视野 24°以内为最佳认读范围。

各种显示仪表在板面上的布局首先要根据视觉运动的规律，使仪表的排列顺序与它们的认读顺序相一致。将互相关联的仪表尽量靠近排列。比如，同一工序所用仪表要布置在同一仪表盘面上。当仪表数量较多时，为了便于区分和认读，可划分成若干个功能区，并用不同的括线和线框加以区分，如图 1-6-13 所示。

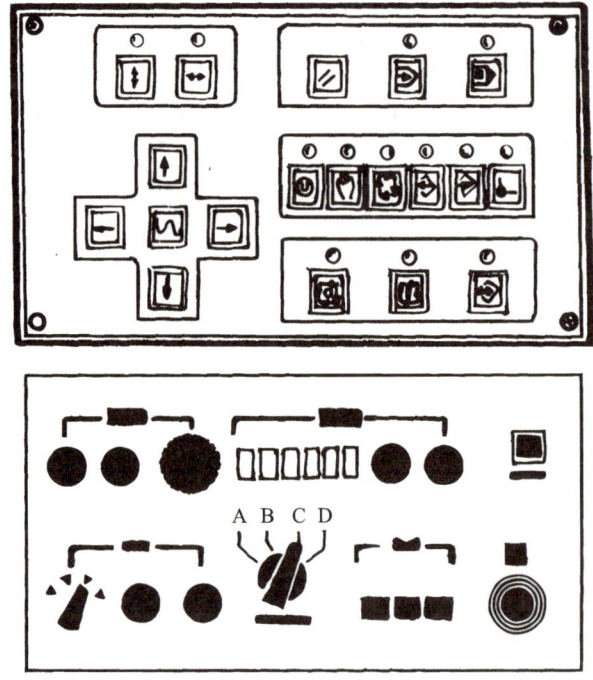

图 1-6-13 不同功能区的划分

根据显示器板面最佳认读范围的划分可将板面划分为 6 个布局区域。按仪表的功能和重要程度在这 6 个区域内进行布局，如图 1-6-14 所示。

① 区为最佳认读区，可布置最重要的显示仪表，如重要设备、关键仪器运行情况的仪表；

② 区可布置需要经常观察和记录的各式仪表；

③ 区可布置对生产过程有指导意义的生产管理仪表，如总电压电流表、物料总流量及紧急报警装置等，它们的位置应在人的身高以上比较醒目的地方；

④ 区是显示盘面的操纵部分，可布置启动、停车的按钮，显示转换键等装置；

⑤ 区可布置不常用的操纵和控制显示转换的一些装置及电话等；

⑥ 区一般布置不重要或不常用的显示装置。

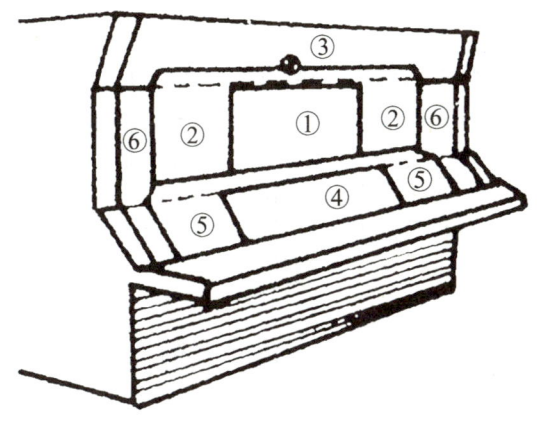

图 1-6-14　仪表群功能区的划分

3. 显示器板面的总体形式

为了保证工作效率和减少疲劳，在设计显示器总体形式时，应当考虑让操纵者减少头部和眼睛的运动，更不必移动座位，就可较方便地认读全部仪表。为了达到这个要求，一般可根据仪表板面的数量和控制室的容量，选择下列几种布局方式，如图 1-6-15 所示。

（1）直线形布局，如图 1-6-15（a）所示。这种形式结构简单，安装方便，适用于显示盘面尺度小的情况。

（2）弧形布局，如图 1-6-15（b）所示。这种形式的结构可以整体呈弧形，也可组合成弧形，在结构和安装上较复杂，但视觉条件好，眩光不严重，一般适用于中型控制室。

（3）弯折形布局，如图 1-6-15（c）所示。这种形式一般为组合成型，结构和安装比较简单，视觉条件好，可根据需要和仪表数量的多少灵活地组合。图中的几种弯折形式适合于大中型控制室。

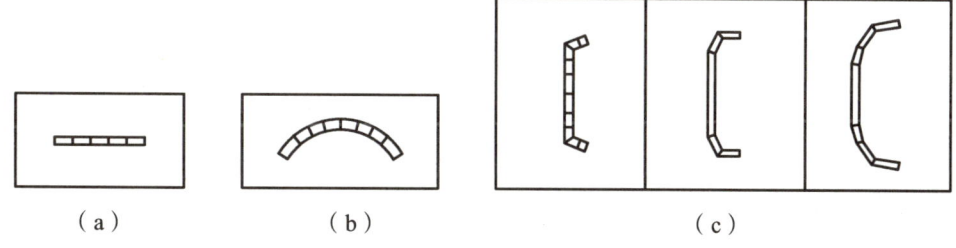

图 1-6-15　显示器板面的总体布局

显示装置的布局要充分考虑认得认读方便性。图 1-6-16 中示出了几种错误的显示布局方式。

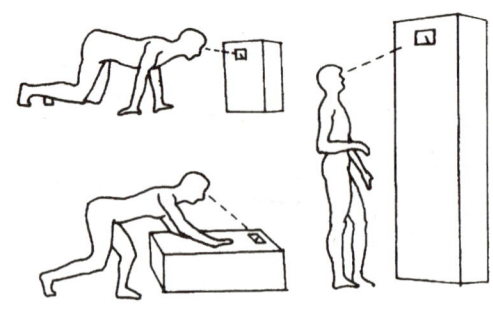

图 1-6-16　几种错误的显示布局方式

图 1-6-17 中给出了单人使用显示装置板面及控制台的基本尺寸。

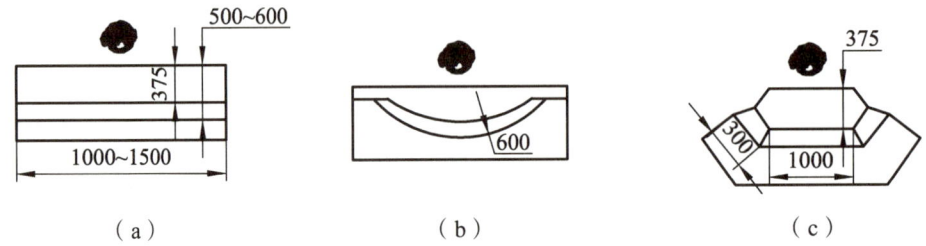

（a）　　　　　　　　　（b）　　　　　　　　　（c）

图 1-6-17　单人使用显示装置板面及控制台的基本尺寸

4. 信号灯的位置

信号灯应布置在良好的视野范围内，使观察者有利于发现信号，并尽量不要使观察者扭转头部或躯干才能发现信号。

当操纵控制台上有多种视觉显示器时，应避免与信号灯互相干扰和重复。如强亮度信号灯应离弱照明的显示仪表远些，以免干扰对该仪表的认读。当必须靠近布置时，信号灯的亮度与仪表照明亮度相差不宜过大。

多个信号灯同时使用时，往往会冲淡对主要信号的警觉性，所以应按功能的重要程度加以区分或划出间隔。

任务三　控制器设计

控制器设计基础

当操纵者通过显示装置得到机器设备或环境的显示信息之后，就要通过控制装置将人的控制信息传输给机器。显示装置与控制装置是协调人机关系的一座"桥梁"。人们通过这个"桥梁"来合理地使用机器，实现目的。

任何一台机器或设备的控制装置是人们有效地使用机器的重要部件之一。控制装置的可靠性及有效度，直接关系到人机系统的安全性。合理的控制装置可使操纵者能够准确、迅速、安全地进行操作，并可以增加操纵者的舒适性，减少紧张和疲劳。生产中的许多失误和事故往往和控制装置的不合理设计有关。

控制装置除具有完成对机器的基本控制功能之外，还必须充分考虑人的因素，如控制装置的形式、位置、方向、精度、作用力等参数都要适合于人的生理特点和心理习惯。

一、控制器的类型

（一）操纵器的类型

操纵控制器种类很多，为便于分析研究，可以从不同的角度进行分类，简述如下。

1. 按操控方式划分

按操控方式可划分为以下两种。
（1）手动控制器，如各种手柄、按钮、旋钮、选择器、杠杆、手轮等。
（2）脚动控制器，如脚踏板、脚踏钮等。
这些控制器与人的肢体有关，其外形、大小、位置、运动方向等，都要适合于人的生理特征，便于手和脚的操纵。

2. 按控制器的功能划分

按控制器的功能一般分为开关式控制器、转换式控制器、调节式控制器、制动控制器等类型。

3. 其他控制器

其他控制器主要有光控制器和声控制器，它们通常是利用一些传感元件将非电量信号转换成电信号，以便进行启闭开关或开关电路，实现控制的目的。这类控制器在安全生产当中较少使用，故不赘述。

（二）操纵器的选用原则

GB/T 14775—1993《操纵器一般人类工效学要求》给出的操纵器选用原则如下：
（1）手控操纵器适用于精细、快速调节，也可用于分级和连续调节。
（2）脚控操纵器适用于动作简单、快速、需用较大操纵力的调节。脚控操纵器一般在坐姿有靠背的条件下选用。

二、控制器的设计原则

控制器的设计原则如下。
（1）控制器设计要适应人体运动的特征，考虑操作者的人体尺寸和体力。
（2）控制器操纵方向应与预期的方向和机器设备的被控制方向一致。
（3）控制器要利于辨认和记忆。
（4）尽量利用控制器的结构特点进行控制或借助操作者体位的重量进行控制。
（5）尽量设计多功能控制器，并把显示器与之有机结合。

三、控制器的设计

(一) 控制器的尺寸

控制器上与人体尺寸有关的上述两个方面,即手控操纵器和脚控操纵器,前者是控制器上与手脚直接接触部位的"静态尺寸",后者则是肢体操作控制器时的"动态尺寸",下面举例说明。如图1-6-18(a)所示为双手扶轮缘的手轮(转向盘、转向把),手握部位的轮缘直径优选值为25~30 mm,其依据是人手部尺寸中的"手长"。这种手轮一次手握连续转动的角度一般宜在90°以内,最大不得超过120°,其依据则是关节活动范围或肢体活动范围。图1-6-18(b)所示的操纵杆,手握部位的球形杆端球径常取值为32~50 mm,其依据是人手抓握多大的物体较为舒适并能较自如地施力。而操纵杆的适宜"动态尺寸"是:对于长度150~250 mm的短操纵杆,在人体左右方向的转动角度不宜大于45°,前后方向的转动角度不宜大于30°;对于长度500~700 mm的长操纵杆,转动角度适宜值为10°~15°,其依据便是人的肢体活动范围。

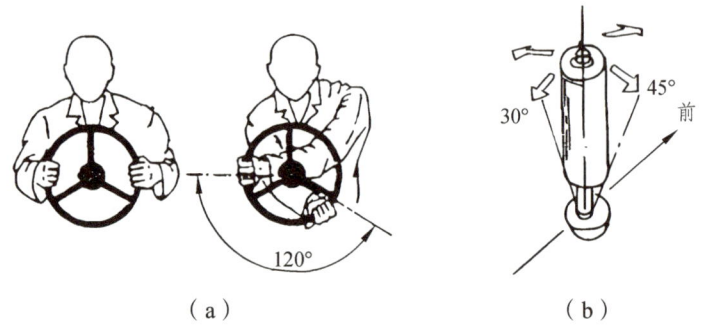

图1-6-18 控制器尺寸与人体尺寸的关系

(二) 控制器的识别编码

编码(Coding)是指特定信号的系统表示或符合定义规则的信号其他设定值。常用的控制器编码方式有:形状编码、大小编码、色彩编码、位置编码、操作方法编码和字符编码等。

1) 形状编码

形状编码使不同功能的控制器具有各自不同、鲜明的形状特征,便于识别,避免混淆。控制器的形状编码还应注意:① 形状最好能对它的功能有所隐喻、有所暗示,以利于辨认和记忆;② 尽量使操作者在照明不良的条件下也能够分辨,或者在戴薄手套时能靠触觉进行辨别。

如图1-6-19所示是美国空军飞机上控制器的部分形状编码示例。用于飞机驾驶舱内各种控制杆的杆头形状,互相区别明显,即使戴着薄手套,也能凭触觉辨别它们。不同的杆头形状与它的功能还有内在联系。例如"着陆轮"是轮子形状的;飞机即将着陆时为了很快减速,原机翼、机尾上的有些板块要翘起来以增加空气阻力,"着陆板"

便具有相应的形状寓意,等等。如图 1-6-20 所示是常用旋钮的形状编码,不同类型旋钮各有其形状功能特点,同类型旋钮也有明显的形状差异。其中图 1-6-20(a)和图 1-6-20(b)是用于作 360°以上旋转操作的多倍旋转旋钮;图 1-6-20(c)是用于作 360°以下旋转操作的部分旋转旋钮;图 1-6-20(d)是用作定位指示的旋钮。

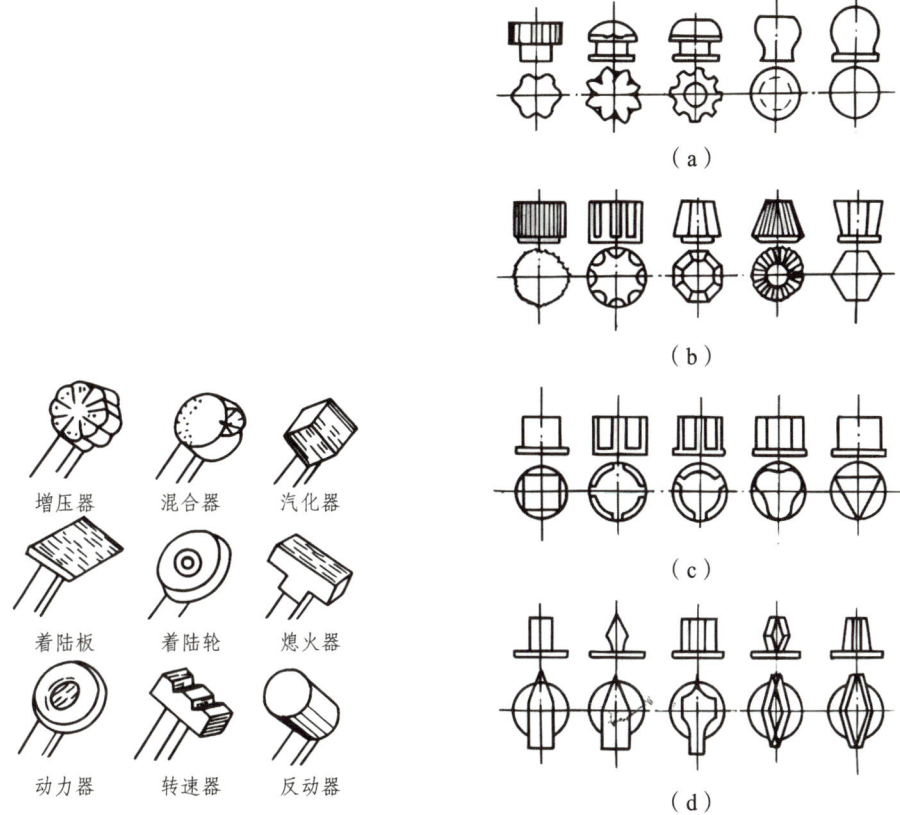

图 1-6-19　美国空军控制器形状编码(摘录)　　图 1-6-20　旋钮的形状编码

2)大小编码

大小编码,也称为尺寸编码,通过控制器大小的差异易于互相区别。

由于控制器的大小需与手脚等人体尺寸相适应,其尺寸大小的变动范围是有限的。另一方面,测试表明,大控制器要比小一级控制器的尺寸大 20%以上,才能让人较快地感知其差别,起到有效编码的作用,所以大小编码能分的挡级有限,例如旋钮,一般只能做大、中、小 3 个挡级的尺寸编码。

3)色彩编码

由于只有在较好的照明条件下色彩编码才能有效,所以控制器的色彩编码一般不单独使用,通常是同形状编码、大小编码结合起来,增强其分辨识别功能。人眼虽能辨别很多的色彩,但因控制器编码需要考虑在较紧张的工作中完成快速分辨,所以一般只用红、黄、蓝、绿及黑、白等有限几种色彩。

控制器色彩编码还需遵循有关技术标准的规定和已被广泛认可的色彩表意习惯，例如停止、关断控制器用红色；启动、接通控制器用绿色、白色、灰色或黑色；启、停两用控制器用黑色、白色或灰色，而忌用红色和绿色；复位控制器宜用蓝色、黑色或白色。

4）位置编码

把控制器安置在拉开足够距离的不同位置，以避免混淆。最好不用眼睛看就能伸手或举脚操作而不会错位。例如拖拉机、汽车上的离合器踏板、制动器踏板和加速踏板因位置不同，不用眼看就能操作。

5）操作方法编码

用不同的操作方法（按压、旋转、扳动、推拉等）、操作方向和阻力大小等因素的变化进行编码，通过手感、脚感加以识别。

6）字符编码

以文字、符号在控制器的近旁作出简明标示的编码方法。这种方法的优点是编码量可以达到很大的量，是其他编码方法无法比拟的。例如键盘上的键帽，标上字母和数字后都能分得清清楚楚，在电话机、家用电器、科教仪器仪表上都已广泛采用。但这种方法也有缺点：一是要求较高的照明条件；二是在紧迫的操作中不太适用，因为用眼睛聚焦观看字符是需要一定时间的。

把以上几种编码方式结合起来，可以达到足够大的编码量。

四、典型控制器的设计

（一）手动操纵装置设计

在肢体动作中，手的动作最灵敏，所以手动操作占的比例最高。

手动操纵装置设计（一）

1. 旋转式操纵装置设计

常见的旋转式操纵装置有旋钮、手轮、摇柄、十字把、舵轮及手动工具等，如图1-6-21所示。

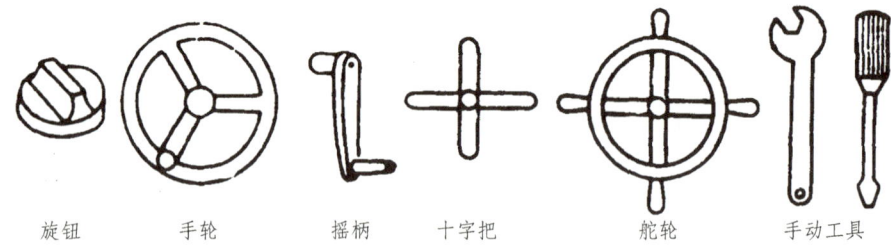

旋钮　　手轮　　摇柄　　十字把　　舵轮　　手动工具

图1-6-21　旋转式操纵装置示例

1）旋钮的设计

旋钮是应用最广泛的一种手动操纵装置，一般为单手操纵，按其使用功能分成三种：第一种可旋转角度为360°或大于360°；第二种旋转角度小于360°；第三种为定位转动，一般用于传递重要信息。

旋钮的设计主要根据使用功能和人手相协调的要求进行。

（1）旋钮的形态设计。旋转角度360°及以上的旋钮，其外形可以设计成圆柱或锥台形；旋转角小于360°的旋钮，可以设计成接近圆柱形的多边形；对于定位转动的旋钮，因其传递的信息比较重要，最好设计成简洁的多边形，以用来强调指明刻度或工作状态。

为了使操作时手与旋钮间不打滑，可将旋钮的周边加工出齿槽或多边形以增大摩擦力。对于带凸棱的指示型旋钮，由于手执握和施力的部分为凸棱，因而凸棱的大小必须与手的结构和操作活动相适应，以提高操作效率，如图1-6-22所示。

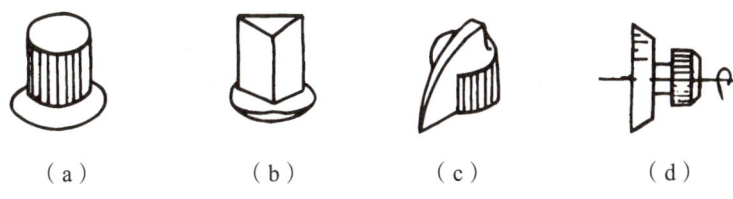

图 1-6-22　旋钮的形态

（2）旋钮的尺寸大小应根据操作时使用手指和手的部位而定。通常旋钮的尺寸是按操纵力确定的，尺寸过大或过小都会使操作者不舒服，进而影响操作的可靠性。具体尺寸可参考表1-6-8。

表 1-6-8　旋钮尺寸与操纵力

旋钮直径/mm	10	20	50	60~80	120
操纵力/N	1.5~10	2~20	2.5~25	5~20	25~50

2）手轮和曲柄的设计

手轮和曲柄都是做旋转运动的手动操纵器，可以连续旋转，常用于机械设备的控制。如机床的手轮、汽车的方向盘等。

（1）手轮和曲柄的回转半径。

不同情况下手轮和曲柄的旋转半径见表1-6-9。曲柄的几种形态和不同负荷下的极限值见图1-6-23。

表 1-6-9　手轮和曲柄的旋转半径

手轮及曲柄	应用特点	建议采用的 R 值/mm
	一般转动多圈	20~51
	快速转动	28~32
	调节指针到指针刻度	60~65
	追踪调节用	51~76

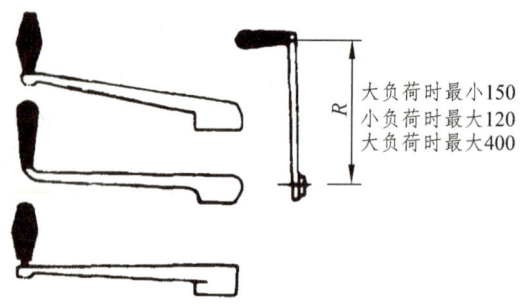

图 1-6-23　曲柄的形态和尺寸

（2）手轮和曲柄的操纵力。

一般而言，单手操作时操纵力为 20～130 N，双手操作时操纵力不超过 250 N。

（3）手轮和曲柄的安装位置。

手轮和曲柄的操作速度与操作者和机器的位置密切相关。如对于快速转动，手轮和曲柄转轴与人体平面宜成 60°～90°夹角；当操作力较大时，手轮和曲柄的转轴与人体平面应相互平行，且曲柄应设置在比操作者的肩略高的位置，以便于施力。

3）钥匙、旋塞

当对安全有特殊要求时，或者为避免非授权操作、无意识调节等情况发生，可采用钥匙控制。通常钥匙只适用于保持在一个工位上的调节。

当要求无级调节或分级开关操作时可选择旋塞。旋塞应设计成指针或带有指示标记。

2. 移动式操纵装置设计

1）切换开关设计（拨动开关）

常用于快速切换、接通、断开和快速就位的场合，一般只有开和关两个切换位置，特殊情况下有三个切换位置。

切换力一般为 3～5 N。用手指切换时最大力为 12 N；用全手切换最大力不超过 20 N。

2）手闸设计

手闸用于操纵频率较低的操作。如果操纵阻力不大，可作为两个终点工位间的精确调节。手闸的特点是其工位容易保持且可以看见和触及。手闸的操作行程为 10～400 mm，操纵力为 20～60 N。

3）指拨滑键设计

指拨滑键按受力分成两类：

① 驱动滑键的力通过滑键的凸起形状传递，允许控制两个以上及无级调节。其特点是调节量与移动量成正比，调节迅速并能保持调节位置。

② 驱动滑键的力通过滑键表面与手之间的摩擦力传递，一般只允许两个工位的调节。其特点除了调节量与移动距离成正比外，还可以防止无意识操作。

3. 按压式操纵装置设计

按照按压式操纵装置使用情况和外形分为按钮和按键两种。

手动操纵装置设计（二）

1）按钮设计

按钮主要用于两个工位控制，如机器设备的启动或停止。

按钮须可靠地复原到初始位置，并能对系统的状态作出显示。当手按下按钮，它处于工作状态，手指一离开按钮就自动脱离工作状态并复位，这种称为单工位按钮。如果是一经手指按下后始终处于工作状态，当手指再按下时，它才复到原位的，称为双工位按钮。

按钮的形态设计一般应为圆形或方形。为使操作方便，按钮表面宜设计成凹形。

按钮的尺寸设计及操纵力如下：

① 用食指按压的按钮直径为 8~18 mm，方形按钮边长为 10~20 mm，压入深度为 5~20 mm，压力为 5~15 N；

② 用拇指按压的按钮直径为 25~30 mm，压力为 10~20 N；

③ 用手掌按压的按钮直径为 30~50 mm，压入深度为 10 mm，压力为 100~150 N，按钮一般高出台面 5~12 mm，行程为 3~6 mm，间距一般为 12.5~25 mm。

2）按键设计

按键适用于地方受限或单手同时操纵多个控制器的情形。

按键的尺寸应按手指的尺寸和指端弧形设计。如图 1-6-24（a）所示为外凸弧形按键，操作时手感不舒服，适用于小负荷和使用频率低的场合。按键应凸出面板一定的高度以便操作，如图 1-6-24（b）所示。按键之间应留有一定的间距以避免误操作，如图 1-6-24（c）所示。按键表面应为凹形以便操作，如图 1-6-24（d）所示。图 1-6-24（e）为按键的参考尺寸。对多个按键组合，应设计成键盘如图 1-6-24（f）所示。键盘上若需字母和数字时，它们应符合标准。同样，键盘的布局也应符合标准。

按键只允许有两个工位，可按不同用途给每个键配以不同颜色。

设计以上操纵装置的位置应注意：若操作时躯干保持不动，操纵钮应设计在以躯干为轴且半径为 600 mm 区域内；若操作时允许躯干运动，扩大为半径 760 mm 的区域；常用的操纵钮要设计在以肘为圆心且半径为 360 mm 的范围内，若允许肘运动可扩大到半径为 410 mm；操纵钮的水平排列不如垂直排列易于分辨；操纵钮间距越小，操纵失误率越高，通常各钮相距 120 mm 为宜。

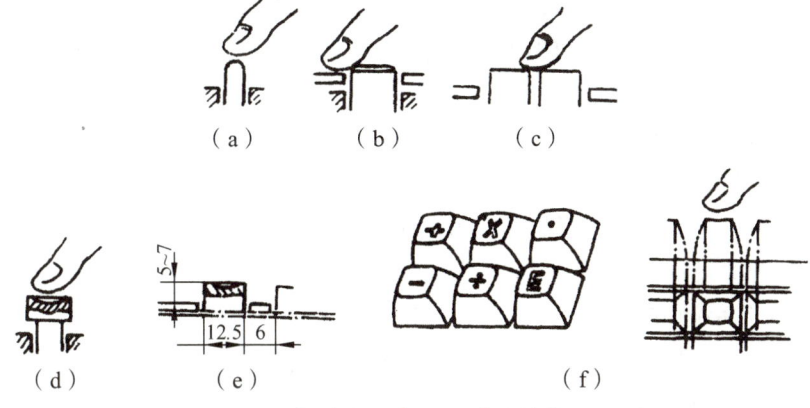

图 1-6-24 按键的形态和尺寸（单位：mm）

4. 摆动式操纵装置设计

1) 操纵杆设计

操纵杆的自由端安装有把手或手柄。操纵杆可以根据需要设计成较大的杠杆比,进行阻力较大的操纵。操纵杆常用于一个或几个平面内的推、拉的摆动运动。由于操纵杆的行程和扳动角度的限制,不宜做大幅度的连续控制,也不适宜用作精确调节,如图 1-6-25 所示。

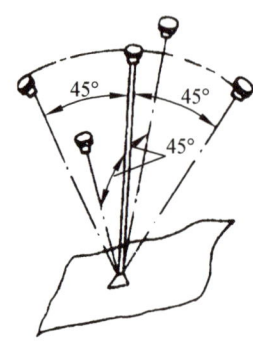

图 1-6-25 操纵杆

(1) 操纵杆的尺寸。

操纵杆的直径一般为 22~32 mm,球形圆头直径为 32 mm。若采用手柄,其直径不可太小,否则会引起肌肉紧张,长时间操作会产生疲劳甚至肌肉痉挛。

(2) 操纵杆的位置。

当操纵力较大或采用站姿工作时,操纵杆手柄的位置应与肩同高或略低于肩的位置;坐姿工作时,操纵杆的手柄应设在与人肘部几乎等高的位置。这样操纵方便省力、不易疲劳。

(3) 操纵杆的行程及扳动角度。

操纵杆的行程和扳动角度应适合人的手臂特点,尽量做到只用手臂而不移动身躯就可以完成操作。对于短操纵杆(150~250 mm),行程约为 150~200 mm,左右转角不大于 45°,前后转角不大于 30°;对长操纵杆(500~700 mm),行程约为 300~350 mm,转角在 10°~15°。通常操纵杆的动作角度在 30°~60°,最大不超过 90°,如图 1-6-25 所示。

(4) 操纵杆的操纵力。

操纵杆的操纵力,最小为 30 N,最大 130 N。使用频率高的操纵杆最大不应超过 60 N。如汽车挡位操纵杆的操纵力在 30~50 N。

2) 摆动开关设计

摆动开关是手触方式操纵,主要用于双工位的控制,可以单手操纵,也可以同时操纵多个控制器。它的优点是占地少,适用于快速调整或准确调整的场合。摆动开关的行程一般为 4~10 mm,其操纵力一般为 2~8 N。

（二）脚动操纵装置设计

脚动操纵器一般用于系统或机器的快速接通、断开、启动或停止，适用于操纵力较大或机构就位精度要求不高的场合，也可以用在操作量大（操纵频率高）的场合。

脚动操纵装置设计

1. 脚动操纵装置的形式及操纵特点

脚动操纵装置的设计首要考虑的是其结构与形式要充分适应人的生理特点和运动特点。

1）脚动操纵装置的形式

（1）脚踏板。

脚踏板可分为往复式、回转式和直动式，如图 1-6-26 所示。

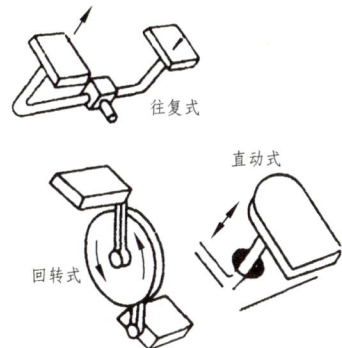

图 1-6-26　脚踏板类型

（2）脚踏钮。

脚踏钮与按钮的形式相似，可用脚尖或脚掌操纵，脚踏表面要粗糙，如图 1-6-27 所示。

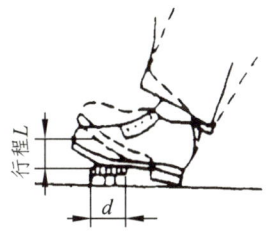

图 1-6-27　脚踏钮

2）脚动操纵装置的操纵特点

脚动操纵器多采用坐姿操作，只有当操纵力小于 50 N 或特别需要时才采用立姿操作。对于操纵力大、速度快和准确性高的操作宜用右脚。而操纵频繁且不是很重要的操作可考虑两脚交替进行。脚踏板操纵方式如表 1-6-10 所示。

表 1-6-10 脚踏板操纵方式

操纵方式	示意图	操纵特征
整个脚踏		操纵力脚踏（大于 50 N），操纵频率较低，适用于紧急制动器的踏板
脚掌踏		操纵力在 50 N 左右，操纵频率较高，使用启动、机床刹车的脚踏板
脚掌和脚跟踏		操纵力小于 50 N，操纵迅速，可连续操纵，适用于动作频繁的踏钮

由于作业时人脚通常是放在操纵器上，为防止误操作，脚动操纵器应设计有一定的启动阻力。它至少大于脚休息时脚动操纵器的承受力。表 1-6-11 为脚动操纵器适宜用力的推荐值。

表 1-6-11 脚动操纵器适宜用力的推荐值

脚动操纵器	推荐用力值/N	脚动操纵器	推荐用力值/N
脚休息时脚踏板的承受力	18~32	飞机方向舵	272
悬挂的脚蹬（如汽车的加速器）	45~68	可允许脚蹬力最大值	2268
功率制动器	直至 68	创纪录的脚蹬最大值	4082
离合器和机械制动器	直至 136		

2. 脚动操纵装置设计

1）脚动操纵装置的形态

应按脚的使用部位、使用条件和用力大小设计脚动操纵装置的形态。常用的脚踏面有矩形和圆形两种。如图 1-6-28 所示为脚踏板的形态及其尺寸。

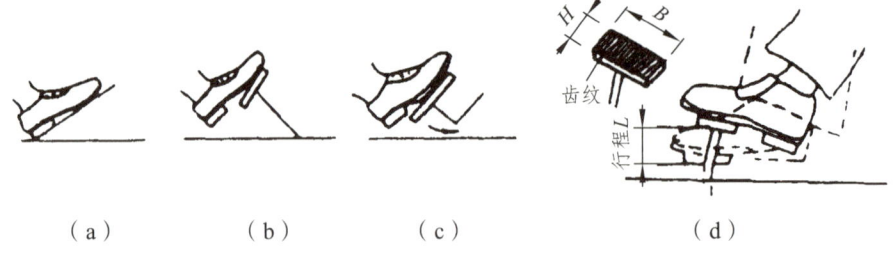

图 1-6-28 脚踏板的形态和尺寸

注：$B = 75 \sim 300$ mm　　$H = 25 \sim 90$ mm　　$L = 60 \sim 100$ mm

2）脚动操纵装置的布置

脚动操纵装置的位置影响操纵力和操纵效率，因此其前后位置要设计在脚所能及的距离，左右位置应在人体中线两侧各 10°~15°范围内。对蹬力较小的脚动操纵装置，为使坐姿时脚的施力方便，大、小腿夹角以 105°~110°为宜。如图 1-6-29（a）所示为脚踏钮的空间布置；如图 1-6-29（b）所示为蹬力要求较小的脚踏板空间布置，仅供设计时参考。若采用立姿操作，其脚动操纵装置空间位置如图 1-6-30 所示，图中阴影线范围为适宜的工作区域。

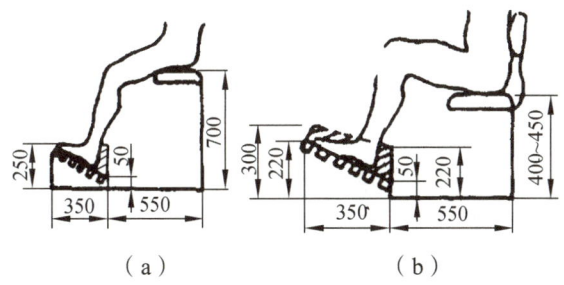

图 1-6-29　脚动操纵装置的布置（坐姿）

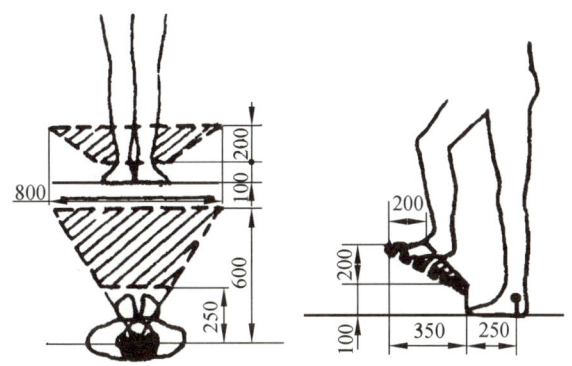

图 1-6-30　脚动操纵装置的布置（立姿）

习　题

（一）单选题

1. 正确地选择控制器的类型对于安全生产、提高工效极为重要，在其选择原则中下列（　　）是错误的。

① 快速而精确度高的操作一般采用手控或指控装置，用力的操作则采用手臂及下肢控制；
② 手控制器应安排在肘和肩高度以下的位置，并且易于看见；
③ 紧急制动的控制器要尽量与其他控制器有明显区分，避免混淆；
④ 控制器的类型及方式应尽可能适合人的操作特性，避免操作失误。

2. 按操纵器和显示器间的对应关系来配置。这是控制与显示系统的设计的（　　）原则。

① 功能性　　　② 准确性　　　③ 关联性　　　④ 优先性

3. 下列（　　）不属于控制器的编码形式。
① 形状编码和大小编码　　　② 位置编码和色彩编码
③ 形状编码和位置编码　　　④ 符号编码和状态编码

4. 操纵控制器的类型很多，按操纵方式划分可分为（　　）。
① 手动控制器和脚动控制器　　② 手动控制器和声动控制器
③ 开关控制器和转换控制器　　④ 调整控制器和转换控制器

5. 根据操纵器和显示器的功能进行适当的划分，把相同功能的配置在同一分区内。这是控制与显示系统的设计的（　　）原则。
① 功能性　　② 准确性　　③ 关联性　　④ 优先性

6. 下列（　　）不属于显示器的设计原则。
① 显示器传递的信息数量不宜过多；
② 显示信息的量值应有足够的精度和可靠性；
③ 各个国家、地区或行业部门使用的信息编码应尽可能做到统一和标准化；
④ 忽略少部分视力缺陷者（如视弱、色弱者）。

7. 把最重要的操纵器和显示器配置在最佳的作业范围内。这是控制与显示系统的设计的（　　）原则。
① 功能性　　② 准确性　　③ 关联性　　④ 优先性

8. 生产中的许多事故，是因为控制器的设计未充分考虑（　　）的因素。
① 人　　② 机器　　③ 仪表盘　　④ 环境

9. 脚动控制器的设计上，一脚的脚蹬（或脚踏板）采用（　　）的阻力为好。
A. 4 N/cm^2　　B. 14 N/cm^2　　C. 21 N/cm^2　　D. 28 N/cm^2

10. 实际工作中，根据操纵方式可将人机系统的控制装置分为（　　）。
A. 开关控制器、制动控制器　　B. 手动控制器、脚动控制器
C. 制动控制器、手动控制器　　D. 脚动控制器、制动控制器

（二）多选题

1. 模拟显示大都是靠指针指示，指针设计的人机学问题主要从下列几方面考虑（　　）。
A. 形状　　B. 宽度　　C. 长度　　D. 材质

2. 对编码显示器，下列说法正确的是（　　）。
A. 对事物状态分类，数值分段，用数字、字母、几何形状、位置和色彩作载体，向人显示
B. 宜用场合：① 对象的直接反映是几何量，如方位、倾斜度等；② 需反映显示量与全量程关系
C. 优点：认读快，误读率低
D. 缺点：适用范围局限
E. 数字与颜色解码效果最好

3. 控制器和显示器的配置要满足空间兼容性。控制器应与其相联系的显示器紧密布置在一起，最好布置在显示器的（　　）。

　　A. 上方　　　　　B. 下方　　　　　C. 左方　　　　　D. 右方

4. 显示器的类型按人接受信息感觉通道不同可以分为（　　）。

　　A. 温度觉显示　　　　　　　　B. 视觉显示
　　C. 听觉显示　　　　　　　　　D. 触觉显示
　　E. 嗅觉显示

5. 指针式仪表设计时应考虑的安全人机工程学问题有（　　）。

　　A. 刻度盘的形状和大小是否合理
　　B. 指针式仪表的大小与观察距离是否比例适当
　　C. 指针仪表的材质是否符合人体安全，保证不会对人体造成伤害
　　D. 刻度盘的刻度划分，数字和字母的形状、大小以及刻度盘色彩对比是否便于监控者迅速而准确地识读
　　E. 根据监控者所处的位置，指针式仪表是否布置在最佳视区范围内

6. 在人机界面的设计中，要求设计的显示装置不仅要准确反应设备的情况，还应满足（　　）。

　　A. 显示装置要符合操作者信息接收和处理能力
　　B. 显示装置要能够减轻操作者的精神紧张和身体疲劳
　　C. 显示装置要符合操作者的操作要求
　　D. 显示装置必须在操作者的最佳视觉区

（三）简答题

1. 显示器的设计原则是什么？
2. 显示器的类型有哪些？
3. 控制器的设计原则是什么？

技能实验篇

实验一　人体测量实验

一、实验目的

1. 掌握如何应用人体尺寸进行工作界面和作业空间设计。
2. 掌握人体质量、长度、围度等指标的测量方法。

二、实验仪器

人体形体测量尺、身高坐高计、电子体重秤、电子肺活量计、电子握力计。

三、实验步骤

1. 人体形体尺寸的测量。测量时应在呼气与吸气的中间进行。其次序为从头向下到脚；从身体的前面，经过侧面，再到后面。测量时只许轻触测点，不可紧压皮肤，以免影响测量的准确性。某些长度的测量，既可用直接测量法，也可用间接测量法——两种尺寸相加减。

2. 人体身高坐高的测量。要求实验者选择一个自己认为舒适水平的坐高，测量并记录这个高度。

3. 人体体重的测量。

4. 进行肺活量的测定，重复 4 次，然后取平均数。

5. 用电子握力计测人的臂力大小，重复 4 次，然后取平均数。

6. 把测量人体的 12 个主要指标填入表 2-1-1。

7. 人体测量基准面和基准轴，如图 2-1-1 所示。

四、实验结果

测量数据记录表格如表 2-1-1 所示。

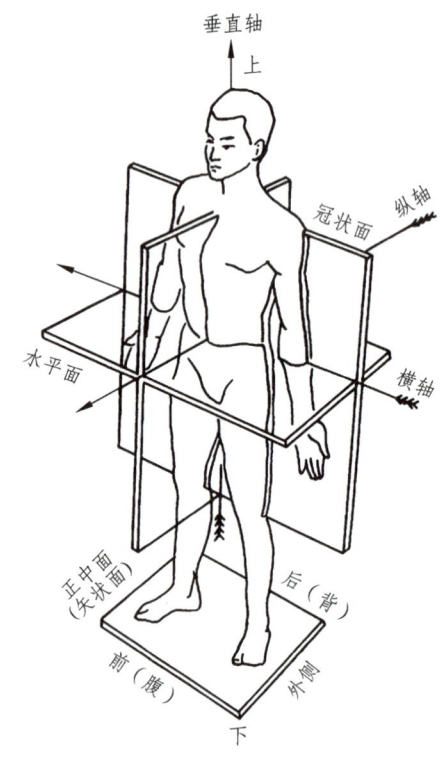

图 2-1-1　人体测量基准面和基准轴

表 2-1-1　身体测量数据　　　　　　　　　　　单位：cm

测量次数	1	2	3	4	平均值
身高					
体重					
上臂长					
前臂长					
大腿长					
小腿长					
腰围					
胸围					
坐姿膝高					
坐高					
肩宽					
肺活量					
握力					

五、实验讨论

1. 人体形体参数在工作界面和作业空间设计中有何意义？
2. 在进行工作界面和作业空间设计时，如何合理选用人体参数？
3. 人的劳动强度与呼吸量之间的关系？
4. 人的形体参数对职业选择的影响？

实验二　时间知觉测试实验

一、实验目的

测试人对客观对象的延续性和顺序性的主观反应，测试时间知觉的阈限。

二、实验仪器

EP504 时间知觉测试仪（EP504 时间知觉测试仪采用 89C51 单片机为核心，选择光或声为刺激源，采用恒定刺激法和复制法来测定时间知觉的差别阈限）、手控开关一只。

三、实验步骤

1. 连接仪器，将反应键盘的九针插头插入主机插座，连接电源无误后打开电源开关，使仪器进入复位状态。
2. 主试进行操作设置。
（1）功能设置（如图 2-2-1 所示）：各功能定义详见测试方法（1）~（5）。

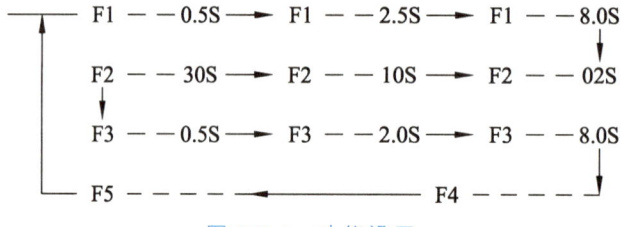

图 2-2-1　功能设置

（2）声/光选择：可分别选择刺激源为光或声。
（3）连续/始末选择：可设置刺激信号源的呈现方式为连续/始末/2 Hz/4 Hz/8 Hz。
（4）执行：当完成设置时按执行键即可进入相应测试。

3. 测试方法。

（1）F1 功能：判别前后二个刺激（其中一个为标准刺激，一个为变异刺激）的长短，并作出长/等/短的反应回答，共 100 组。

F1——0.5 S：标准刺激为 0.5 s，变异刺激分别为 0.4、0.45、0.5、0.55、0.6（s）；
F1——02 S：标准刺激为 2 s，变异刺激分别为 1.6、1.8、2、2.2、2.4（s）；
F1——08 S：标准刺激为 8 s，变异刺激分别为 6.4、7.2、8、8.8、9.6（s）。

当按下执行键后,仪器自动随即显示包含一个标准刺激和一个变异刺激的一组刺激信号(其中前 50 组标准刺激在前,变异刺激在后;后 50 组相反),当仪器完成一组显示后,被试者在反应键盒上按键回答:"<"——后一个刺激比前一个刺激短,"="——相等,">"——比前一个长。应答后自动显示下一组刺激,当累计 100 次时测试结束。

主试显示屏说明如图 2-2-2 所示。

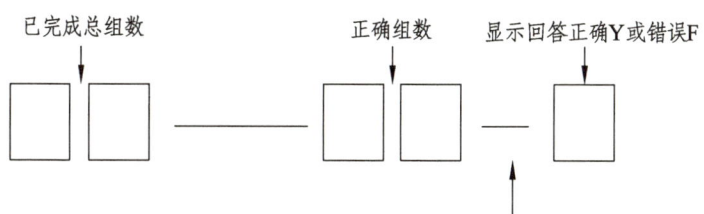

图 2-2-2　显示屏

(2)F2 功能:测试被试复制刺激能力。

F2——02S:要求被试复制 2 s 刺激 50 次;

F2——10S:要求被试复制 10 s 刺激 50 次;

F2——30S:要求被试复制 30 s 刺激 50 次。

当进行测试时,主机先呈现 2 s 刺激(由设置定),之后被试通过按住反应键盒任一键来复制相同时间长度的刺激,应答后 3 s 仪器自动呈现下一个 2 s 刺激(由设置定)以便被试下一次复制,当满 50 次时结束。仪器最后显示 50 次复制的平均值,单位为 ms,如 1976 则表示为 1 976 ms。

(3)F3 功能:类似 F1 功能,但要求被试直接回答刺激的变异长度,按执行键,做 10 组。

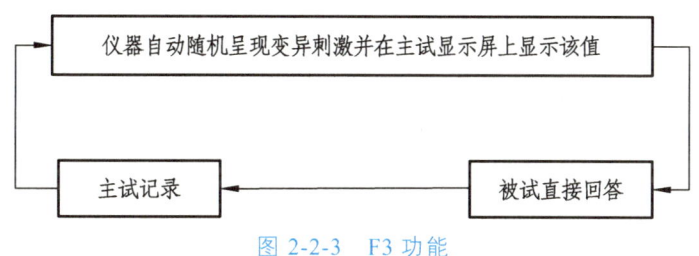

图 2-2-3　F3 功能

(4)F4 功能:被试直接回答主试所制造出的刺激长度,按执行键。

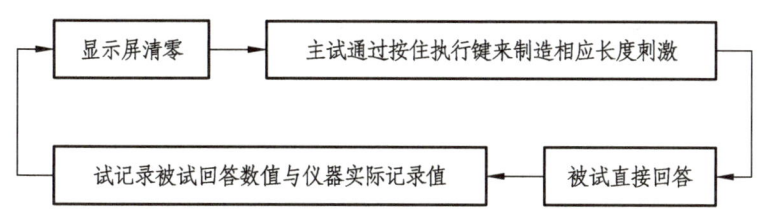

图 2-2-4　F4 功能

（5）F5 功能：被试根据主试提出要求制造出所需刺激长度，按执行键。

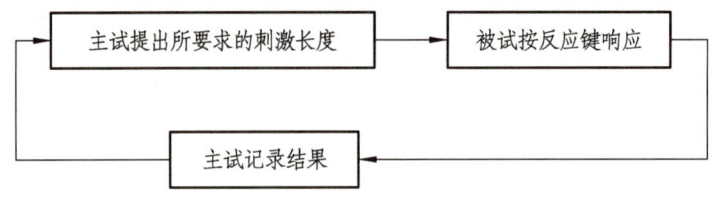

图 2-2-5　F5 功能

四、实验结果

实验结果如表 2-2-1 ~ 表 2-2-8 所示。

表 2-2-1　F1 功能实验统计

F1 功能	声/光	连续/始末	已完成总组数	正确组数	正确率

表 2-2-2　F2 功能实验统计

F2 功能	声/光	连续/始末	刺激时间	已完成总组数	平均时间	相对误差

表 2-2-3　F3 功能实验统计

F3 功能	声/光	连续/始末	已完成总组数	正确组数	正确率

表 2-2-4　F3 功能实验统计

项目	1	2	3	4	5	6	7	8	9	10
显示值										
回答值										
正确与否										

表 2-2-5　F4 功能实验统计

F4 功能	声/光	连续/始末	已完成总组数	正确组数	正确率

表 2-2-6 F4 功能实验统计

项目	1	2	3		4	5	6	7	8	9	10
显示值											
制造值											
相对误差											

表 2-2-7 F5 功能实验统计

F5 功能	声/光	连续/始末	已完成总组数	相对误差

表 2-2-8 F5 功能实验统计

项目	1	2	3	4	5	6	7	8	9	10
主试要求值										
被试制造值										
相对误差										

五、实验讨论

1. 时间知觉的数据统计对安全人机系统设计、研究等方面具有哪些意义。

实验三　速度知觉测试实验

一、实验目的

通过对设定的光刺激速度，判别当刺激空缺时个体的速度估计能力。

二、实验设备

速度知觉测试仪 EP509 型。

三、实验步骤

1. 将电源线连接到 200 V 交流电上。
2. 将反应键的插头接到知觉箱的插座上。
3. 打开电源。
4. 速度选择开关，有快、慢二挡供主试选择（慢：$4 s \pm 0.5 s$，快：$2 s \pm 0.5 s$）。
5. 位置选择开关有近、远二挡挡板与开关选择同步移动。供主试选择。
6. 主试按启动按钮，灯光自右向左移动。
7. 被试按下反应键后，计时器显示结果。
8. 主试按复位键，为下次操作作准备。

四、测试方法

1. 演示。
（1）被试坐在仪器正前方，眼睛平视右面的光点，注意前面光点的变化。
（2）主试按下仪器操作面板左下方按键，使仪器工作在演示状态。
（3）启动键，灯光自右向左移动，并告诉被试"要仔细观察光点移动速度，当光点进入挡板，则灯光立刻被挡住，其移动速度仍按原速度移动到外面标志的终点位置，灯亮停止"。
（4）主试可通过快、慢、近、远几种不同组成——演示，让被试加深理解。
2. 实验。
（1）主试按演示开关使其弹出呈实验状态。
（2）主试按下启动按钮，灯光自右向左移动，当灯光进入挡板，则灯光立刻被挡住了,被试应假设灯光以原速度仍在挡板后面移动,进而设想,当灯光正好到终点位置(此灯又会亮)用右手按下反应键。

(3)当试按下反应键后,计时器显示正值,说明被试提前反应,提前量为显示数,若出现负值,则说明被试的滞后反应。

五、实验结果

实验结果如表 2-3-1 所示。

表 2-3-1 速度知觉测试结果数据

实验次数	速度选择(快、慢)	位置选择(近、远)	时间判断误差/s
1			
2			
3			
4			
平均			

六、实验讨论

1. 分析慢近、慢远、快近、快远呈现不同方式时,被试者速度知觉的差异性。

实验四 空间知觉测试实验

一、实验目的

空间知觉测试仪通过被试对图形的形状和方位的辨别过程来鉴别个体对外界事物的空间知觉特性。可用于空间知觉的基础心理学实验研究。

二、实验仪器

空间知觉测试仪 EP507 型、EP106 型计时计数器。

三、实验步骤

1. 当主试选择好图形的类别与序号后，提示窗口即时呈现出选定的图形。按下启动键上方的绿灯与呈现窗口下方的预备信号灯同时闪烁 2 s 后，图形传递到呈现窗口预备灯消失，图形呈现 5 s 后消失。同时启动键上方灯也熄灭，图形提示窗口信号熄灭后重新点亮，等待主试下一次选择。

2. 当被试按下 1、2、3、4 中某个键时，对应的反应键信号反馈灯亮，错误反馈灯亮与图形序号指示灯亮不一致，为反应错误。

3. ① 连接 220 V 电源；
② 打开电源开关；
③ 按复位键；
④ 选择工作方式（自动或手动）；
⑤ 选择图形类别；
⑥ 选择反应序号；
⑦ 选择图形序号；
⑧ 按启动键；
⑨ 记录反应回答（正确与错误）；
⑩ 循环步骤⑦至⑨。

注意如主试选择自动方式时，图形序号不必选择。按启动键后，仪器会送出 40 次图形，每个序号 10 次，4 个不同序号图形排列按随机数输出。

四、实验结果

实验结果如表 2-4-1 所示。

表 2-4-1 空间知觉测试结果数据

实验次数	图形类别	图形序号	正确或者错误（T or F）
1			
2			
3			
4			
5			
6			
7			
8			
平均错误次数/总次数			

五、实验讨论

1. 深度知觉阈限是否存在个体差异？
2. 双眼和单眼在分辨远近深度知觉中有无显著差异？原因何在？
3. 研究深度知觉有什么理论与实践意义？

实验五 暗适应测试实验

一、实验目的

通过暗适应测试仪的操作，学习暗适应的测试方法。

二、实验仪器

EP404 暗适应仪。

三、实验步骤

1. 连接仪器，接通电源，选择好暗适应时照度，更换数字板等。
2. 被试坐在观察窗前，双眼舒服地紧贴观察窗口，适应 1 min。
3. 被试将脸部紧贴观察窗，睁大眼睛注视正前方白板，大灯熄灭后，前方窗口遮板下落，将暴露 10 行数字，被试尽可能将数字由上至下分段读出，直至 10 行数字读完或遮板再次挡住数字板。
4. 被试理解实验程序后，主试按"启动"键，实验开始。
5. 主试更换 4 种不同的数字板，重复实验步骤 2、3。
6. 主试调节暗适应时的不同照度（以电流表显示值表示 0~50 mA），重复实验步骤 2、3。
7. 主试根据被试的口头报告，对照所呈现的数字板的原稿，统计被试的识别程度（正确的报告行数）。

四、实验结果

1. 统计每个被试对 4 种数字板的识别程度，以最低值为准，转换成相对应的视力值，如表 2-5-1 所示。

表 2-5-1　暗适应测试结果数据

视力值	0.1	0.2	0.3	0.4	0.5	0.6	0.7	0.8	0.9	1.0
A	207	63248	43857	29046	52483	74054	57389	43759	70634	34902
应答值										
B	207	56389	96523	84027	09653	98375	63704	32648	29376	34902
应答值										
C	207	74309	32946	07264	96037	43729	62490	29376	70643	34902
应答值										
D	207	62490	74309	40673	32946	07264	96037	43729	29376	34902
应答值										

2. 以视力值为纵坐标，以对应某视力值所用时间为横坐标画出暗适应曲线。（可用秒表记录每组开始报告时间）。

3. 以暗适应时不同的照度，以视力值为纵坐标，以对应某视力值所用时间为横坐标画出暗适应曲线图。

五、实验讨论

1. 如何根据曲线图的状况以确定被试间暗适应的差异。
2. 预期在实践应用中会取得怎样的效果？

实验六 握力实验

一、实验目的

了解、检验用力感的个体差异，学习用复制法测定用力感。

二、实验仪器

WCS-100 型电子握力计、眼罩。

三、实验步骤

1. 准备。主试调整握力计转轮使中指第二关节弯成 90°，便于发挥最大握力，并将握力计指针复零位。

2. 测试（以左手为例）。

（1）被试身体直立，两脚自然分开，两臂自然下垂，手持握力计，掌心向内，表盘朝外。主试按下秒表的同时发出实验开始的指令，被试接到指令后用尽自己最大的力量握一次同时报告主试，主试立即再次按下秒表。将最大握力值及所用的测试时间填入数据表中。

（2）主试将握力计复零位，请被试再握两次。

第一次被试要在测试最大握力值时的 1/2 时间内完成握力测试，主试用秒表控制时间，时间到被试立刻停止用力并把手松开，主试记下这时用力的大小即最大力。

第二次不要延误，否则被试的用力感就不鲜明了，要求被试根据自己的感觉达到和第一次的用力大小一样时就松开，主试记下此时的握力即复制结果。

（3）按照（2）的方法左右手各做两次。

四、实验结果

实验结果如表 2-6-1 所示。

表 2-6-1　握力实验数据结果

右手				
被试	最大握力值		测试时间/s	
	最大力/N		复制结果	用力感
1				
2				
左手				
被试	最大握力值		测试时间/s	
	最大力/N		复制结果	用力感
1				
2				

注：用力感的测定要求被试把前一次用力的大小作为标准刺激复制出来，根据每人复制的结果和标准握力之差，按公式"用力感＝1/[（最大力－复制结果）/最大力]＝最大力/（最大力－复制结果）"计算出用力感的大小。其中，最大力为测试（2）中第一次握力的大小。

五、实验讨论

1. 为什么运动员的用力感好于非运动员？
2. 为什么球类运动员的用力感比其他项目的运动员好？
3. 提高人的用力感能力应采用哪种方法？
4. 试说明用力感与什么因素有关？

实验七 台阶实验

一、实验目的

1. 基本掌握台阶试验的动作要求,并能通过示范积极模仿练习。
2. 学习台阶实验的基本动作,发展心肺功能、下肢力量等素质。
3. 养成合作互助、竞争进取、勇于挑战的良好品质。

二、实验仪器

TJCS-Ⅱ型台阶实验测试仪。

三、实验步骤

男生使用高 40 cm 台阶,女生采用高 35 cm 的台阶,做踏台上下运动。测验前测定安静时的脉搏,然后受试者做轻度的准备活动,主要是活动下肢关节。上下台阶的频率是 30 次/min,节拍器的节律为 120 次/min。受试者按节拍器的节律完成实验,被试者从预备姿势开始,分四步完成动作。

第一步,被测试者一只脚踏在台阶;
第二步,踏台腿伸直成台上站立;
第三步,先踏台的脚下先下地;
第四步,还原成预备姿势。

用 2 s 上下一次的速度(按节拍器的节律来做)连续做 3 min,做完后立刻坐在椅子上测量运动结束后的 1 min 至 1.5 min、2 min 至 2.5 min、3 min 至 3.5 min 的 3 次脉搏数。并用下列公式求得评定指数,计算结果包含有小数的,对小数点后的 1 位进行四舍五入取整进行评分。

$$评定指数 = [踏台上下运动的持续时间(s) \times 100] / (2 \times 三次测定脉搏之和)$$

四、实验结果

大学男生各测试项目评分标准中,台阶实验 67 及以上为优秀、53~66 良好、46~52 及格、45 以下不及格。

大学女生各测试项目评分标准中,台阶实验 60 及以上为优秀、49~59 良好、42~48 及格、41 以下不及格。

五、实验讨论

1. 根据实验数据,分析测试者的心血管功能及原因。

实验八 声光反应测试实验

一、实验目的

测量反应时,掌握测定选择的实验程序,了解影响反应时的部分因素。

二、实验仪器

EP204 声光反应时测定仪。

三、实验步骤

1. 完成实验前准备工作(连接仪器,接通电源,功能设置,选择测试次数)。
2. 被试坐在离主机约 1 m 处,眼睛注视主机刺激呈现屏,熟悉手中键盘对应颜色所在位置。键盘放至顺手位置,便于按键反应(实验由单手反应)。
3. 实验指导语:"这是一个测量反应速度的实验。在主机刺激呈现屏上有红、绿、黄、蓝四个灯,当你看到红灯亮就尽快按红键、绿灯亮按绿键,以此类推。四种光刺激随即呈现,呈现次数为 a 次(设置的测试次数)。要求你反应得越快越好。"
4. 被试明确指导语后,主试 2 号键启动,开始测试。
5. 测试结束主机将发出一秒蜂鸣声,以告实验结束。主试连续按 3 号键(显示),数码显示器将依次显示:

    1——总平均反应时间

    2——红色光的平均反应时间

    3——绿色光的平均反应时间

    4——黄色光的平均反应时间

    5——蓝色光的平均反应时间

    6——测试次数

    7——出错次数

6. 主试把数据记录到表 2-8-1 中,测试完毕按"复位"键,可再次测试。

四、实验结果

表 2-8-1　声光反应测试结果数据

设置次数	5	10	15	20	25	均值
总平均反应时间/s						
红色光的平均反应时间/s						
绿色光的平均反应时间/s						
黄色光的平均反应时间/s						
蓝色光的平均反应时间/s						
测试次数						
出错次数						

五、实验讨论

1. 比较被测者本人对各颜色反应时的差异。
2. 比较你与前后学号三位同学在反应时上的差异。
3. 举例说明反应时实验的实际应用意义。

实验九 反应时和运动时测试实验

一、实验目的

检验优势手的反应时与运动时是否相关，学习测量运动时的方法，比较运动目标在不同方位运动时的差异。

二、实验仪器

EP206反应时运动时测定仪。

三、实验原理

在动作技能的心理实验研究中时间是一个重要的变量。研究动作技能的时间问题，须区别两个概念：反应时间和运动时间。

反应时间是从呈现刺激到外部开始反应所需要的时间，是刺激与反应之间的时间间隔，即反应潜伏期。它和刺激呈现前的准备工作相关，是知觉的一种表现。

运动时间是运动开始到运动完成所需要的时间，是反映运动过程所需的时间，所以它和运动的距离及击中目标的难度密切相关，是运动的一种形式。

因为知觉和运动是两种性质不同的过程，所以反应时间和运动时间不应该有显著的相关。该论点曾由Henry（1961）的研究说明反应时间和运动时间的相关是0。Hodgkin（1962）对6岁至84岁的被试的研究说明反应时间和运动时间没有关系。Slater-Hammel（1952）和L.E.Smith（1961）的报告也支持上述论点，认为两者无显著相关。杨博民教授曾通过80名被试对简单反应时间和运动时间做了比较研究，结果表明，二者的相关系数如果用手反应为0.21，用脚反应为0.29，虽然达到了显著水平，但因相关系数太小，对于预测来说没有重要意义。然而，Kerr（1966），Pieason和Rash（1959）和Hipple（1954）的研究报告中指出，反应时间和运动时间之间有显著的相关。本书作者在被试的实验中却发现反应时间和运动时间的比例会因被试的性格而变化，尤其在运动目标有多种选择的情况下更为明显。反应灵敏的被试（外向性格者）反应时间占的比例小，反之稳重的被试（内向性格者）反应时间占的比例相对前者要大得多。

四、实验步骤

1. 使用方法。

（1）连接 220 V 电源，EP206-P 因配有打印功能，应先用连线将打印机和主机连接，然后再将主机和打印机连接到 220 V 电源。

（2）接通电源开关，显示"SEL"（EP206-P 型应先打开主机电源开关，然后再打开打印机的电源）。

（3）设置实验次数，如需 10 次，按面板上按键 10，显示"n－10"，同理可选择实验次数 20、30、40、50。显示器显示选择次数。

（4）被试手按住反应键，当随机的刺激呈现，即某一指示灯光点亮的瞬间，开始计时，当被试手离开反应键，停止计时，仪器自动记录为反应时。同时重新开始计时，当被试手按下亮灯的相应键，停止计时，仪器自动记录为运动时。如被试按错目标键或是运动时间超过 9.999 9 s，仪器将判为错误。时间不计入总数。

（5）按下目标键后，手指仍返回反应键，等候下次刺激的呈现。（如手指没返回到反应键，仪器进入等候状态。）

（6）当显示器显示"END"时，表示设置的次数已完成。

（7）主试可依次按动"功能"键，显示实验的统计结果。显示序列如下：

1──×× 实验次数
2──×××.××× 总反应时间
3──×××.××× 平均反应时间
4──×××.××× 总运动时间
5──×××.××× 平均运动时间
6──×× 出错次数

2. 实验程序。

（1）按使用方法 1、2、3 做好实验前的准备工作。

（2）被试坐在仪器前，手能舒服地按到每一个目标键。

（3）实验指导语："这是一个测反应时间和运动时间的实验。一共要做 a 次（a 是主试设定的次数）。每次开始时你把手指按在反应键上，注视八个目标位指示灯，一发现某个目标指示灯亮了，就立即将手指从反应键上离开，按对应于亮指示灯的目标键。要求你又快又准地完成。完成后手指再次返回按住反应键。"

（4）被试明确指导语后，手指按反应键，即开始实验，直至设置次数的完成。显示屏呈现"END"以示结束。

（5）主试连续按"功能"键，逐次显示"实验次数""总反应时间""平均反应时间""总运动时间""平均运动时间""出错次数"。可供记录实验结果。

五、实验结果

1. 列表统计一个组的实验结果，不同次数的实验结果记录如表 2-9-1 所示。

表 2-9-1　反应时和运动时测试结果数据

设置次数	10	20	30	40	50
总反应时间/s					
平均反应时间/s					
总运动时间/s					
平均运动时间/s					
出错次数					

2. 整理实验数据，分析与该技能相关的因素，自我评价。

六、实验讨论

1. 根据同学间的数据比较，分析自己的反应时与运动时水平。
2. 总结反应时、运动时的影响因素。

实验十  简单反应和综合反应测试实验

一、实验目的

学会使用 FYS-1 电子反应时测定仪测试和评价受测者的简单反应和综合反应能力。

二、实验仪器

FYS-1 电子反应时测定仪。

三、实验步骤

1. 打开电源待仪器所有灯熄灭，LED 显示 0.000 后，可按键开始测试。

2. 按"启动"键，在 0.5～3 s 后（该时间任意变化）反应时键 1～5 号中任一键发光有音响，这时食指离开"启动"键（简单反应时），LED 显示简单反应时，同时受测者食指以最快速度按向给出信号的键，一旦食指按下键，灯光信号随时停止，LED 显示综合反应时。

3. 这样连续测试操作 5 次后，按"功能"键，显示简单反应时的平均值，再按一次"功能"键显示综合反应时的平均值，再按一次"功能"键，结束本次测试。

4. 准备下一次受测者测试。

注意事项：

1. 应按操作顺序进行测试，按"启动"键后，必须待声光信号出现后，手指才能离开"启动"键，若提前离开"启动"键，则作违规处理，显示"E—01"，作废各次的测试，从头开始测试。

2. 声光信号出现后，若食指按错反应时键，则作违规处理，显示"E—02"，作废各次的测试，从头开始测试。

四、实验结果

1. 将被测试者的简单反应时及综合反应时计入表 2-10-1 中。
2. 计算简单反应时及综合反应时的平均数和标准偏差。

表 2-10-1 被试者简单反应时及综合反应时记录表

被测试者序号	简单反应时/s	综合反应时/s
1		
2		
3		
4		
5		
6		
7		
8		
9		
10		

五、实验讨论

1. 分析简单反应时及综合反应时的个体差异。

实验十一  闭眼单腿站立实验

闭眼单脚站立是通过测量人体在没有任何可视参照物的情况下，仅依靠大脑前庭器官的平衡感受器和全身肌肉的协调运动，来维持身体重心在单脚支撑面上的时间，以反映平衡能力的强弱。

一、实验目的

1. 掌握测定人体平衡力的方法。
2. 学会实验仪器 BYZL-9999 的使用。

二、实验仪器

BYZL-9999 闭眼单腿站立测试仪。

三、实验步骤

1. 将电源插头插入交流 220 V 电源插座。
2. 按下电源开关，控制器显示零位。
3. 受试者两手任意放置，闭眼，用习惯腿单脚站立在测试站立板上，另一腿屈膝，使脚离开平台，姿势不限。当提起的脚离开停止踏板，即开始计时，至站立脚移动或离台脚落下，控制器发出警报声，计时自动锁位显示器所显示数值即为闭眼单腿站立的时间。
4. 进行两次测试，把较长的一次时间记录下来（这期间可以变换支撑脚）。
5. 测试完毕，按清零键仪器即可复零。

四、实验结果

人体平衡力测试表如表 2-11-1 所示。

表 2-11-1 人体平衡力测试表

被试者	站立时间/s		
	第一次	第二次	max
被试者 1			
被试者 2			

人体平衡力测试参照表如表 2-11-2 所示。

表 2-11-2　人体平衡力测试参照表

评价	男性/s	女性/s
非常好	≥110	≥110
较好	38~109	36~109
标准	13~37	12~35
较低	5~12	4~11
非常不好	≤4	≤3

五、实验讨论

1. 分析自己的平衡力是否达标。
2. 思考睁眼与闭眼对人单腿站立有什么影响。
3. 思考改善人体平衡性的锻炼方法。

实验十二  条件反射实验

一、实验目的

1. 验证条件反射现象,理解条件反射现象的形成原理。
2. 学会使用条件反射仪。

二、实验仪器

EP603 型条件反射仪。

三、实验步骤

1. 三人一组轮流担任主试者、被试者与记录员。把条件反射仪安放在试验台上并接好电源。

2. 把被试者的两指套紧在电击圈内防止接触不良,然后主试者在实验中不断强调让被试者只看红灯并启动中性刺激红灯 3 次,被试者无反应。

3. 启动电击这一非条件刺激 3 次,接着按红灯 2 s,立即启动电击不断交替出现的强化过程,再只按红灯而不启动电击,直到被试者建立起条件反射。

4. 实验期间,记录员负责观察、记录被试者的一切反应以及形成条件反射的次数,并整理好数据。

5. 声音对条件反射形成的实验则与上面的步骤类似。

6. 交换被试者、主试者,重复上述步骤。

7. 当 3 位同学均做完实验时,关掉电源,清洁整理好实验仪器。

四、实验结果

实验结果如表 2-12-1 所示。

表 2-12-1 被试者形成条件反应

被试者	形成条件反射次数		
	颜色	声音	形状
被试者 1			
被试者 2			
被试者 3			

五、实验讨论

1. 比较个体建立条件反射的时长。
2. 分析本次实验成功或失败的原因。
3. 讨论条件反射的形成条件和消退机制。

实验十三 注意分配测试实验

一、实验目的

本实验将采用注意分配仪来探讨被试者的注意分配情况,实验力求探讨两个问题:第一,注意分配是否会带来心理负荷的增加,从而导致视觉或听觉简单选择任务的作业绩效的降低;第二,计算每个被试者的注意分配量,并比较分析不同性别被试者的差异。

二、实验仪器

EP708 注意分配仪。

三、实验步骤

此实验由 3 个测试构成,包括测试 1 对光亮的反应,测试 2 对声音音调的判断,测试 3 对声音和光亮的同时判断反应。均使用注意分配仪完成。在第一个光亮实验开始前可以让被试者练习 10 s。每个实验设定为 30 s。实验均在一个实验程序里进行,被试者可以在程序里看到指导语,独自完成实验内容,程序会自动统计实验结果。被试者开始实验时按下"继续"键,被试者用优势手对光(声)进行反应。

在光亮实验开始时,程序中呈现的指导语为:"当你看到光亮时,请用你左手的食指尽快按下与所呈现的光亮相对应的按键,反应越快越好。"测试结束后,被试者休息 30 s,进行第 2 个测试,即声调反应,指导语为:"当你听到低、中、高 3 个声音时,请用你右手的食指、中指、无名指分别按低、中、高 3 个声音键(红、黄、绿键),反应越快越好。"测试结束后,被试者休息 30 s,进行第 3 个测试,即声光反应,指导语为:"这次要测量你的注意分配能力。你要一边听声音,一边看灯光。当你听到低、中、高 3 个声音时,请用你右手的食指、中指、无名指分别按低、中、高 3 个声音键;同时,用你的左手食指尽快按下与所亮灯光相对应的按键。要两边兼顾,反应越快越好。"测试结束后,让被试者休息 30 s,开始对被试者进行 30 s 的声反应。测试结束后,又让被试者休息 30 s,最后进行 30 s 的光亮反应。实验结束后,对数据进行统计分析。

四、实验结果

实验结果如表 2-13-1 ~ 表 2-13-3 所示。

表 2-13-1　光刺激条件下的反应

光刺激	第一次	第二次	第三次	平均值
设置时间/s				
最快反应时间				
总次数				
错误次数				

表 2-13-2　声刺激条件下的反应

声刺激	高音实验次数				中音实验次数				低音实验次数			
	一	二	三	平均	一	二	三	平均	一	二	三	平均
设置时间/s												
平均反应时/s												
总次数												
错误次数												

表 2-13-3　声光共同刺激下的反应

声刺激	高音实验次数统计				中音实验次数统计				低音实验次数统计				光刺激	一	二	三	平均
	一	二	三	平均	一	二	三	平均	一	二	三	平均					
设置时间/s													设置时间/s				
平均反应时间/s													最快反应时间/s				
总次数													总次数				
错误次数													错误次数				

五、实验讨论

1. 分析自己的实验数据,发现有哪些规律?

2. 选择与自己学号最接近的异性同学,试分析男女生在视觉刺激、听觉刺激、视听同时刺激情况下的成绩差异性。

3. 此研究结果有何现实意义?

实验十四  注意集中测试实验

一、实验目的

通过注意力集中能力测定仪的操作,验证注意集中在学习与工作过程中的作用,并评定注意集中的能力。

二、实验仪器

EP701注意集中能力测定仪。

三、实验步骤

1. 使用方法。

(1)硬件联接:将L形光笔插头插入主机背面"光笔输入插座"处。如需干扰,则将耳机插头插入主机背面"耳机输出"处。最后插上电源插头。

(2)打开电源开关,仪器自动进入上电复位状态(也可在任意时刻按红色"复位"键进行复位)。仪器面板上的转速显示"50",定时"0030",在靶时间显示"0000.00",转速显示不停闪烁。

(3)转速设置:在转速显示不停闪烁时,根据实验所需转速,可直接按定速定时键组中的某键。如需转速为60 r/min,可按左上方标有60的键。此时转速显示停止闪烁,而定时显示随之不停闪烁。

(4)定时设置:在定时显示不停闪烁时,根据实验所需操作时间,可直接按定速定时键组中的键。如需定时为360 s,可按右下方标有数字的"3""6""0"键。

(5)干扰强度调节:可根据实验要求,调音量调节旋钮。

(6)设置完毕,按"开始"键,即完成实验前的准备。

(7)当操作者将L形光笔跟上红色接收靶,主机会发出"嘀嘀"两声,同时开始计时计数工作。当完成定时时间,主机会发出"嘀嘀"两声,以示实验结束。

(8)主机显示结果。

2. 实验程序。

1)第1项实验:间时学习和集中学习

(1)3组被试者分别按以下方式进行学习:

S1:每遍操作60 s,共14遍,每两遍间隔10 s;

S2：每遍操作 60 s，共 14 遍，每两遍间隔 60 s；

S3：每遍操作 60 s，共 14 遍，每两遍间隔 60 s，第 7—8 遍间休息 15 min。

（2）实验指导语："这是一个追踪的实验。实验时红色的靶位在不停地转动着，你的任务是拿着 L 形光笔追踪位，要求你尽可能不要让弯头离开靶子，接触靶子的时间越长越好。"

对 S1 说："你要做 14 遍，每两遍间停 10 s。"

对 S2 说："你要做 14 遍，每两遍间停 60 s。"

对 S3 说："你要做 14 遍，每两遍间停 10 s，第 7—8 遍间休息 15 min。"

（3）被试者理解指导语后，主试者按使用方法设置转速为 60 r/min、定时为 60 s，按"开始"键，可开始实验。

（4）实验结束主试者记录操作结果。

2）第 2 项实验：附加刺激的测验

（1）三组被试者分别按以下方式进行学习：

S1：每遍操作 60 s，共 14 遍，每两遍间隔 10 s；

S2：每遍操作 60 s，共 14 遍，每两遍间隔 60 s；

S3：每遍操作 60 s，共 14 遍，每两遍间隔 60 s，第 7—8 遍间休息 15 min。

（2）实验指导语："这是一个追踪的实验。实验时红色的靶位在不停地转动着，你的任务是拿着 L 形光笔追踪靶位，要求你尽可能不要让弯头离开靶子，接触靶子的时间越长越好。"

对 S1 说："你要做 14 遍，每两遍间停 10 s。"

对 S2 说："你要做 14 遍，每两遍间停 60 s。"

对 S3 说："你要做 14 遍，每两遍间停 10 s，第 7—8 遍间休息 15 min。"

（3）被试者理解指导语后，主试者按使用方法设置转速为 60 r/min、定时为 60 s，按"开始"键。被试者戴上耳机，调高附加声刺激，可开始实验。

（4）实验结束后主试者记录操作结果。

3）第 3 项实验：追踪运动反应

（1）被试者分别按以下三种方式进行学习：

S1：用圆形轨迹的图形板，每遍操作 60 s，共 14 遍，每两遍间隔 10 s；

S2：用三角形轨迹图形板，每遍操作 60 s，共 14 遍，每两遍间隔 10 s；

S3：用六边形轨迹图形板，每遍操作 60 s，共 14 遍，每两遍间隔 10 s。

（2）实验指导语；"这是一个追踪的实验。实验时红色的靶位在不停地转动着，你的任务是拿着 L 形光笔追踪靶位，要求你尽可能不要让弯头离开靶子，接触靶位的时间越长越好。每种形式各做 14 遍，每两遍间隔为 10 s。"

（3）被试者理解指导语后，主试者按使用方法设置转速为 60 r/min、定时为 60 s，按"开始"键，可开始实验。

（4）实验结束主试者记录操作结果。

四、实验结果

根据第 1 项实验的结果，分组计算追踪平均时间及出错次数，画出学习曲线。

根据第 2 项实验的结果，分组计算追踪平均时间及出错次数，画出学习曲线。

根据第 3 项实验的结果，统计三种追踪运动反应的正确率，分析追踪运动反应中常发生的错误动作：超前与延迟反应的现象。

五、实验讨论

1. 分析集中学习和间时学习效果。
2. 比较实验结果，分析其个体差异。
3. 根据实验结果分析追踪运动反应的特征。

实验十五  人体肺活量测量实验

肺活量是指在不限时间的情况下,一次最大吸气后再尽最大能力所呼出的气体量,这代表肺一次最大的机能活动量,是反映人体生长发育水平的重要机能指标之一。

一、实验目的

了解肺活量的测定方法,学会使用 FCS-10000 电子肺活量计测定人体肺活量。

二、实验仪器

FCS-10000 电子肺活量计。

三、实验步骤

1. 将仪器握把插在底板插槽内,使仪器斜立于桌面。将直流稳压电源的输出插头插入仪表侧面的电源插孔内,再将稳压电源插入交流 220 V 插座上。如无交流电源时可取下仪表后部电池盖板,安装一节 9 V 叠式电池(注意电池极性)。使用时只要按一下按键,仪器即通电,液晶数码管四位数闪烁数次后显示 0,即进入工作状态。

2. 将塑料吹气嘴插入进气软管一端,而进气软管另一端旋入仪表进气口即可开始使用,测试者手握吹气嘴下端,取站立位,首先尽力深吸气至最大限度,然后嘴部贴紧吹气嘴,徐徐向仪器内吹气,直至体内的气体吹尽为止(不可二次吹气或一吹一吸),此时,显示器上所反映的数值即为测试者的肺活量值。

3. 当显示器有数据时按一下开关,即可实现清零功能。

4. 当显示为 0 时,按一下按键即可关机。

5. 当电池电压欠压时,LCD 显示屏有电压不足指示,此时换新电池方可正常工作。

6. 测试者吹气应连续进行,当数值停止变化片刻后,显示数据被自动锁定。当显示值静止达 2 min,仪器即自动关机。

注意事项:

1. 使用仪器时,测试者必须将显示器向上,不可倒置,注意不可堵住文丘里管的出气口。

2. 吹气时应徐徐用力,一气呵成,以免中途停顿,数据锁定。

3. 使用时应小心轻放,避免碰撞、摔跌。

4. 吹气嘴不能重复使用,预防交叉感染,吹气嘴的消毒可选用器械消毒液洗净浸泡 3~5 min,消毒后的吹气嘴用清水冲净晾干,包装待用。

5. 测试过程中应保持文丘里管的畅通，如有异物必须清除，测试结束后，要用酒精棉球擦拭气管内部（严禁用消毒液冲洗气管内部）。
6. 长期停用时，应取出电池，以免电池腐蚀仪器。
7. 更换或维修 9 V 稳压电源时，中心正极，外圈负极，请注意极性。

四、实验结果

实验结果如表 2-15-1 所示。

表 2-15-1　人体肺活量的测定　　　　　　　　单位：mL

被试者	第一次	第二次	第三次
被试者 1			
被试者 2			
被试者 3			

五、实验讨论

1. 分析肺活量与年龄、性别的关系。
2. 讨论增大人体肺活量的方法。

实验十六　WBGT 热指数检测实验

一、实验目的

了解热指数检测仪的基本原理；掌握热指数检测仪的使用及布点选择原理；可以独立计算 WBGT 计权值，并最终形成检测报告。

二、实验仪器

热指数检测仪、风速检测仪、蒸馏水、支架。

三、实验步骤

1. 传感器布置。

将热指数 3 个传感器依次对应头部、腹部和踝部设置，支架打开，将传感器布置依次固定在支架上，并和主机进行连接。

2. 传感器调试。

打开主机，依次观察 3 个传感器是否连接完好，并对湿球传感器添加蒸馏水。

3. 热指数检测。

待机 10 min 后，机器稳定，读数。

4. 根据不同环境和工作方式进行检测。

（1）站立工作方式检测：在室内进行传感器布置，并对黑球和湿球进行读数，最后计算总 WBGT 值。在室外对湿球、黑球和干球进行读数，并计算 WBGT 值。

（2）坐姿工作方式检测：检测方法同站姿，传感器布置按照坐姿进行 3 点布置。

5. 修正。

根据不同的工作强度和服装进行补偿。

注意事项：

1. 保持传感器水平，并处于同一直线上。
2. 湿球要用蒸馏水进行滴定。

四、实验结果

1. 说明检测仪传感器设置的位置和计算。
2. 根据不同的工作方式进行不同的热指数检测，并进行详细的读数计算。

五、实验讨论

1. 布点的选择标准是什么？
2. 怎样对人员进行 8 小时计权检测？
3. 怎样判断工作强度？

实验十七　大气参数检测实验

一、实验目的

熟悉测量大气压力、温度和相对湿度的各种仪器设备的使用方法；掌握测定大气压力、温度、相对湿度的方法和技能；熟练掌握用所测参数求得大气密度的原理和方法。

二、实验仪器

水银温度计、半导体温度计、自记温度计、手摇干湿表、机械通风干湿表。

三、实验步骤

1. 气温测定。

用水银或酒精温度计（注意应在没有辐射热情况下使用）挂于测试地点，待温度稳定后再读数。

2. 气湿测定。

气湿测定采用通风温湿度计进行测定。

原理：利用并列两温度计，在一支的球部用湿润纱布包裹，由于湿纱布上水分蒸发散热，使湿球上温度比干球的温度低，其相差度数与空气中相对湿度成一定比例。将两并列温度计分别放入须镀镍的双层金属风筒中（如图 2-17-1 所示），仪器上端有一个带发条的小风扇，开动发条时风扇转动，从温度计球部旁边吸入空气，因此形成温度计球部的固定风速（一般为 4 m/s），同时，因金属筒的反射，使辐射热影响被抵消，故可测得较准确的结果。

使用方法如下：

① 先将湿球纱布湿润；

② 用钥匙旋转风扇发条，风扇开始转动，将仪器悬挂在测定地点；

③ 3～5 min 后，读取湿球及干球温度的读数，查表得到相对湿度。

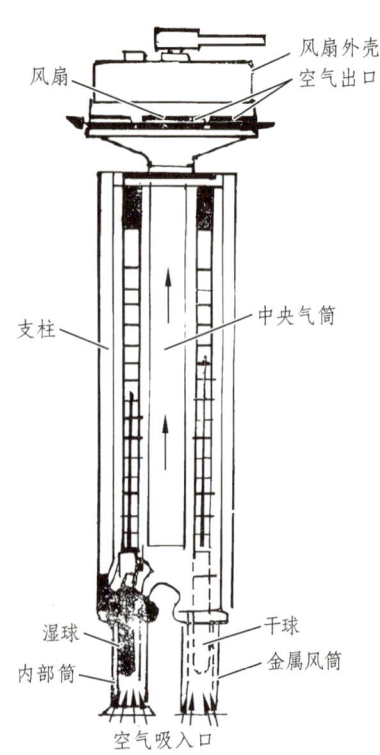

图 2-17-1　通风温湿度计

3. 气压测定。

通过水银气压计测定气压。

原理：水银气压计是一个上端封闭、下端开口的真空玻璃管，其下端浸在盛有水银的杯中（如图 2-17-2 所示），大气压力作用于水银杯中的水银面上，使水银升入真空玻璃管中，水银柱就能随大气压的高低而上升或下降。其水银柱的高低，可借玻璃管外面的一个金属套管上的标尺及游标尺读出数值（如图 2-17-3 所示），测量单位为 mmHg。再换算为 kPa，1 mmHg = 0.133 kPa。

使用方法如下：

① 转动水银槽底部的螺旋，使水银面与指针刻度零点的指标尖端刚刚接触，校正零点；

② 使用游标尺，读出气压读数。

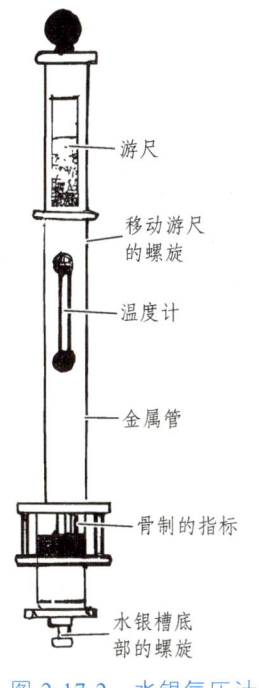

图 2-17-2　水银气压计

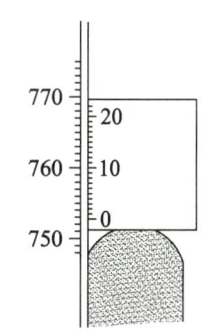

图 2-17-3　气压计的游尺

四、实验结果

1. 要求详细叙述实验原理和所用设备。
2. 对测出的数据进行整理。

五、实验讨论

1. 分析在测量大气压力、温度和相对湿度实验过程中的影响因素。

实验十八  照明检测实验

一、实验目的

1. 学习光电照度计的工作原理及使用方法。
2. 学习光电照度计的测量规范，掌握照明条件的测量方法。
3. 根据有关规定，评价影响照明条件的因素，并提出改进意见。

二、实验仪器

光电照度计、卷尺等。

光电照度计简介：光电照度计是一种光学仪器，具有高灵敏度、高精度、高稳定度、高线性度，以及宽量程、低漂移、低功耗、低温度系数、无疲劳、再现性好、响应迅速等多种优点，还具有体积小、携带方便、功能完善、通用性强等特点。光电照度计适用于测量自然光和各种人造光源的光照度，也适用于光强度、光亮度、光通量等物理量的间接测量，广泛用于照明工程、建筑采光、电影电视、电光源等领域。

三、实验步骤

1. 求平均照度及等照度曲线。

（1）测点、测高的选择原则。

测点既可任选，也可规定。测高以桌面高度为准，一是便于准确，二是桌面本身即是工作面。但是，测点不可选在自身背景处，也不可选在日光直射处，以免引入测量误差。

对尚未布置好工作面的一般照明房间，可将地面划分为若干个边长为 1 m 的格子，格子的中心位置为测点，所有测点照度读数的算术平均值即为平均照度；对布置好工作面的一般照明房间，全部工作面照度值的算术平均值即为平均照度；对局部一般照度房间，要按工作区和非工作区按上述方法分别测量，并分别取其算术平均值。

（2）等照度曲线的分类。

等照度曲线的划分，视照明方式而定。当测定自然采光的等照度曲线时，必须关闭所有人工照明光源；当测定自然光附加人工照明的等照度曲线时，则必须投入人工照明光源；若仅测定人工照明等照明曲线时，则须严密遮挡自然光。为了使测量数据更具有说服力，测量时要记录天气情况和时间，安排上也要集中、连续完成，最后将测量数据填入表 2-18-1 中。

表 2-18-1　实验数据　　　　　　　　　　　　　　　　单位：lx

序号	1	2	3	4	5	6	7	8	9
自然采光									
自然＋照明									
人工照明									

2. 求照明均匀度。

方法同上。工作区的照度均匀度不宜小于 0.7，非工作区的照度不低于工作区照度的 1/5。

数据整理采用表 2-18-2。其中 E_1 为最高照度值，E_2 为最低强度，E_3 为平均照度值。

表 2-18-2　数据记录　　　　　　　　　　　　　　　　单位：lx

项目	E_1	E_2	E_3	A_μ
自然采光				
自然＋照明				
人工照明				

照明均匀度可依下式计算：

$$A_\mu = \frac{E_1 - E_3}{E_2}\left(\frac{E_3 - E_2}{E_2}\right) < \frac{1}{3}$$

3. 求墙面、地面和工作面的反射率。

测定自然采光条件下各点的明照度与暗照度。当光探头朝向光源时测得的照度为明照度，当光探头背向光源时测得的照度为暗照度。将测得数据填入表 2-18-3 中。

表 2-18-3　实验数据　　　　　　　　　　　　　　　　单位：lx

项目	明照度	暗照度	反射率
墙面			
地面			
工作面			

反射率按下式计算：

$$反射率 = \frac{暗照度}{明照度} \times 100\%$$

四、实验结果

1. 求平均照度及等照度曲线。
2. 求照度均匀度。
3. 用简易方法估计工作间的反射率。

五、实验讨论

1. 参照有关标准，对工作环境的照明条件进行评价，分析影响照明的因素，提出改进意见。

实验十九　噪声检测实验

一、实验目的

噪声测量是进行噪声控制的基础，只有掌握了正确的噪声测量方法，才能对噪声现状有正确的了解，从而才能对存在的噪声污染做出正确的评价与分析，并为治理噪声污染提供可靠的声学依据。城市区域环境噪声测量是环境噪声测量的基本内容之一，通过本实验可以帮助学生熟悉声级计的使用及环境噪声测量的基本技能与方法。

二、实验仪器

计算机 1 台、声级计 1 套、噪声校准器 1 套，如图 2-19-1 所示。

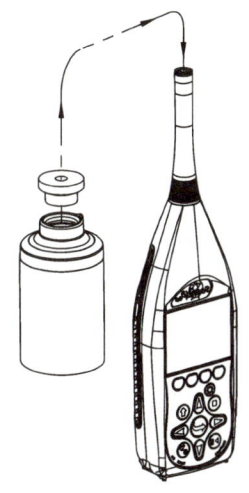

图 2-19-1　噪声检测设备

本实验依据中华人民共和国国家标准 GB/T 14623—1993《城市区域环境噪声测量方法》进行，按照评价区所属噪声功能区域，依据 GB 3096—1993《城市区域环境噪声标准》对所测区域进行评价。

三、实验步骤

1. 校准。

该校准页面是两个校准页面的第一个。开启页面，按校准软键，出现校准页面。

校准页面包含一个校准控件（Calibraion）和校准历史。使用校准控件进行新的校准。打开校准器并连接。按▲▼键调整显示屏上的数值，以使其与校准器的输出值一致。按⏎键进行新的校准。校准页面会显示新的校准值。按↩键退出校准页面。

2. 测量点选择。

将学校区域划分成等距离的网格，网格的大小视具体情况而定。测点应在每个网格的中心（可在地图上作网格得到），若中心位置不便测量（如屋顶、污水沟、禁区等），可移到旁边能测量的位置上进行。

3. 测量条件。

气象条件：测量选在无雨、雪时进行，风速为 5 m/s 以上应停止测量。测量时用传声器和加风罩。

传声器设置：传声器距身体不小于 0.5 m，并尽量距其他反射物（如建筑物等）不小于 1 m，传声器距地面高 1.2 m。

测量时间：分为昼间（06:00—22:00）和夜间（22:00—06:00）两部分。昼间测量一般选在 8:00—12:00，14:00—18:00 时间内，在此时间内任何时刻测得的噪声均代表昼间的噪声；将全部网格中心点测得的 10 min 的等效[连续 A]声级记作平均值，所得平均值为本区域的噪声水平。

4. 检测并读取数据。

用声级计进行检测，进行 10 min 时间的编程，并记录这一时刻的等效[连续 A]声级。

5. 噪声水平的评估。

对所测数据按大小进行排序，求出算术平均值，与附件标准进行对照，进行噪声污染评估。

6. 噪声污染图绘制。

按 5 dB（A）为一等级，以昼、夜等效声级分别绘制评价区昼间与夜间的噪声污染图。

注意事项：

1. 每次更换环境检测前要进行校准。
2. 进行检测时候要注意风速、传声器高度和与建筑物的距离。
3. 要注意时间的定制，测试时间为 10 min。

四、实验结果

1. 详细叙述实验原理和目的。
2. 根据实验步骤和要求整理出本实验的流程图。
3. 对测出的一组数据进行整理，求出此区域的噪声水平。
4. 对实验数据进行处理并绘制污染图，在图中用不同颜色或形状表示噪声污染情况。

五、实验讨论

1. 噪声测试仪传感器的基本原理是什么?
2. 噪声对人体健康的影响有哪些?

实验二十 空气质量检测实验

一、实验目的

1. 掌握空气质量检测原理及仪器的使用方法。
2. 掌握室内空气质量标准（指室内空气中与人体健康有关的物理、化学、生物和放射性参数、可吸入颗粒物，指悬浮在空气中，空气动力学当量直径小于等于 10 μm 的颗粒物，总挥发性有机化合物标准状态）。

二、实验仪器

甲醛检测仪、有机化合物检测仪、氧气检测仪及二氧化碳检测仪等。

实验仪器基本原理：

核心部件是传感器，仪器按传感器划分为催化燃烧式传感器、电化学传感器、半导体传感器、红外传感器和光离子传感器。

催化燃烧式传感器属于高温传感器，其工作原理是气敏材料（如 Pt 电热丝等）在通电状态下，可燃性气体氧化燃烧或者在催化剂作用下氧化燃烧，电热丝由于燃烧而升温，从而使其电阻值发生变化。催化燃烧式检测的可实现是有条件的，必须保证检测环境中包含足够的氧气，在无氧的环境下这种检测方式可能无法检测任何可燃性气体。某些含铅化合物（尤其是四乙基铅）、硫化合物、硅类、磷化合物、硫化氢和卤代烃可能会使传感器中毒或抑制，如果被检测的环境含有上诉物质应在合同中注明或选用抗上述物质的类型传感器。

电化学传感器属于精密型传感器，电化传感器通过与目标气体发生反应并产生与气体浓度成正比的电信号来工作。典型的电化传感器由传感电极（或工作电极）和反电极组成。

三、实验步骤

1. 校正。

选用标准浓度气体作为校准样品，进行传感器校准。

2. 仪器设置。

① 根据国家标准对检测气体的阈值进行设置。
② 仪器相关设置，例如：语言、背景灯及报警方式等。

3. 评价。
根据国家标准对所检测环境进行气体质量评价。

四、实验结果

1. 根据实验步骤和要求整理出设备操作的流程图。
2. 对测出的一组数据进行整理,求出此区域的空气质量水平。

五、实验讨论

1. 请叙述设备的工作原理和目的。

实验二十一 环境振动检测实验

一、实验目的

1. 学会振动测量方法,并掌握振动设备的操作。
2. 熟悉振动相关国家标准,并对环境振动进行评价。

二、实验仪器

时间记录器、标准仪及多通道振动测试仪。

三、实验步骤

1. 城市道路交通振动测量。

城市交通道路振动是无规则振动,选择学校外的路段,在快车道、慢车道和人行道上分别设置一个测量点,分别从 x、y 和 z 方向测定 20 min 内的数值,采样间隔为 0.05 s,以 VLZ_{10} 值为评价量。

2. 道路交通视为无规则振动进行数据分析。
3. 振级评价。

根据 GB 10070—1988《城市区域环境振动标准》对道路振动进行评级。

4. 绘制振级随时间变化的分布图。

实验标准依据:

GB 10070—1988《城市区域环境振动标准》和 GB 10071—1988《城市区域环境振动测量方法》。

四、实验结果

1. 根据实验步骤和要求整理出本实验的流程图。
2. 对测出的一组数据进行整理,对此区域进行振动评级。
3. 绘制振级图。

五、实验讨论

1. 请分析环境振动检测实验的原理和目的。

实验二十二 闪光融合频率测试实验

　　一个频率较低的闪光刺激会产生忽明忽暗的感觉，这叫光的闪烁。随着闪光频率不断增加，闪烁感觉逐渐消失，最后变成一个稳定的光，这叫闪光融合。感到光融合时的最低频率叫作临界融合频率（Critical Fusion Frequency），感到光闪烁时的最高频率即临界闪烁频率（Critical Flicker Frequency，CFF）也称作闪光融合频率，单位 Hz。研究结果表明：在相同条件下，不同性别被试者间 CFF 不存在显著差异；红光和蓝光的 CFF 存在显著差异。

　　本实验采用最小变化法来测定闪光融合频率，并用渐增和渐减方法克服习惯误差和期望误差。本实验测量红、黄、绿 3 种颜色的临界频率，实验过程中记录 3 种颜色各 4 次的测量数据，并通过计算方法（感到光融合时闪光最低频率和感到光闪烁时闪光最高频率的平均数）算出各颜色的临界点。

　　实验中须注意：主试者不要将结果反馈给被试者，也不要暗示；被试者判断标准前后要一致。

一、实验目的

学习使用亮点闪烁仪，测量闪光融合频率（CFF）。

二、实验仪器

EP403 亮点闪烁仪，如图 2-22-1 所示。

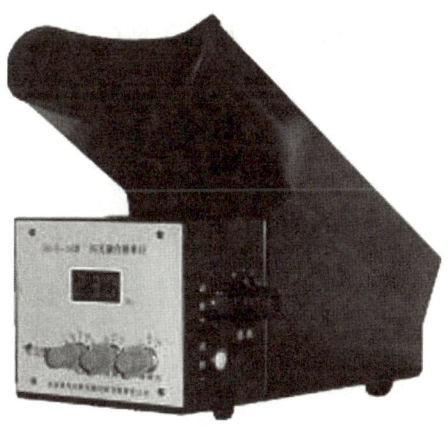

图 2-22-1　EP403 亮点闪烁仪

三、实验步骤

1. 接通 220 V 电源。
2. 合上仪器的电源开关,仪器后部显示频率,选择用于实验的色调,在后面板的左下角有三位拨动开关,可选择红、绿、黄 3 种色调。
3. 闪烁频率选择:仪器的正右下方有一频率调节旋钮,顺时针调闪烁频率升高,反之逆时针调闪烁频率降低,为确保个体的正确分辨力,测量时频率须缓慢上升或下降。
4. 将闪烁频率选择设置在最低端,即将频率调节旋钮逆时针调到最低位。
5. 将眼睛贴着观察眼罩,注视面前的红色亮点。调节闪动频率按由低到高、由高到低、再由低到高、由高到低的顺序,当频率由低到高即按顺时针调节闪烁频率旋钮时,亮点的闪动频率变快,一直调到刚刚看到它不闪时,停止调节,记录频率值。当频率由高到低即按逆时针调节闪烁频率旋钮时,闪动频率变慢,一直调到刚刚看到闪动,停止调节,记录频率值。
6. 再按序选择绿色及黄色刺激,继续步骤 5 的操作。

四、实验结果

实验结果如表 2-22-1 所示。

表 2-22-1 临界值的测定

亮点颜色	频率变化				
	由低到高/Hz	由高到低/Hz	由低到高/Hz	由高到低/Hz	临界点/Hz
红光					
绿光					
黄光					

1. 根据实验结果,分析比较个体对 3 种颜色的 CFF。
2. 分析可能影响实验结果的原因。

五、实验讨论

1. 你认为被试者的闪光融合频率值与视力好坏有无关系,为什么?
2. 根据闪光融合频率测试实验的启示,选择一种职业,分析影响视觉疲劳的因素,提出改进建议。

实验二十三  听觉测试实验

一、实验目的

测试低频、中频、高频声响的响度绝对阈限，可为绘制正常和不正常的听力曲线提供实验数据。

二、实验仪器

EP304A 听觉实验装置。

三、实验步骤

1. 熟悉主试面板各键功能，接通 AC 220 V 电源，预热 15 min 以上。
2. 在被试面板将耳机插入对应耳机插孔。
3. 被试者戴上耳机，背向主试者和仪器。
4. 测定响度绝对阈限的步骤如下。

① 频率选择：如选择仪器设定的固定频率可用波段开关拨至相应位置。如自行确定频率，可把波段开关拨至"连续"位置，调节"粗调"与"细调"频率的两个旋钮，依显示的频率值，选择测定声响的频率。

② 选择测试的右、左耳，打开"右耳"或"左耳"开关，或两个都打开。

③ 选择"连续"或"间断"声响，开关拨向相应一方。选择"间断"声响，可有效判别听觉阈限左右的声响。

④ 按"声响调节"的"+"（红键）或"-"（绿键），增加或减少音量，每按一下，增加或减少 2 dB，连续按着，将自动连续变化。

⑤ 音量初值有两档可选择，"高音量"为 0～66 dB 衰减，"低音量"为 34～100 dB 衰减。对于正常听力的被试者，测试响度绝对阈限通常在"低音量"段。

⑥ 用渐增法测定：将声响强度衰减到被试者听不到处开始，逐渐减小衰减量（增强声响），当被试者听到声音后，示意或回答，主试者停止减小衰减量，此时的响度为该被试人员在此频率的听觉阈限值。

⑦ 用渐减法测定：步骤同⑥。只是将衰减器调到被试者能听到的强度后，再开始逐渐增大衰减量，直到被试人员听不到声音时停止。

注意事项：

使用本仪器需要在外界干扰很小的条件下测试（最好能在隔声室内进行）。

1. 本仪器的使用环境应远离强无线电干扰源和强动力源（如大功率动力变压器、大功率电机、电焊机、高频感应炉等）。

2. 若长时间不用，每 2 个月连续通电 4~8 h。

3. 仪器存放处应无较强的磁场，以防耳机退磁。

4. 耳机未经过改装校正，不能用作他用。

四、实验结果

实验结果如表 2-23-1 和表 2-23-2 所示。

表 2-23-1　渐增法：A 测

实验环境									
频率/Hz	64	128	256	512	1 000	2 000	4 000	8 000	16 000
左耳/dB									
右耳/dB									

表 2-23-2　渐减法：A 测

实验环境									
频率/Hz	64	128	256	512	1 000	2 000	4 000	8 000	16 000
左耳/dB									
右耳/dB									

作响度绝对阈限曲线：仪器所附的耳机，经过了改装校正，确保在"0 dB 衰减"时各频率相应的声响分贝数，如表 2-23-3 所示。

表 2-23-3　仪器所附耳机"0 dB"衰减时各频率相应声响分贝数

频率 F	64 Hz	128 Hz	256 Hz	512 Hz	1 000 Hz	2 000 Hz	4 000 Hz	8 000 Hz	16 000 Hz
声响 A_0	68	72	79	83	85	82	74	70	48

某频率下衰减 0 dB 的声响分贝数减去实际的衰减 dB 数就得到此频率下的声响 dB。此值仪器能自动计算，dB 显示选择"声响 dB"即可，而"衰减 dB"显示为负值。

这样可以方便地测量出被试者在该频率下的响度绝对阈限值。测定各个频率点的响度绝对阈限，可以作出响度绝对阈限曲线，如图 2-23-1 所示。

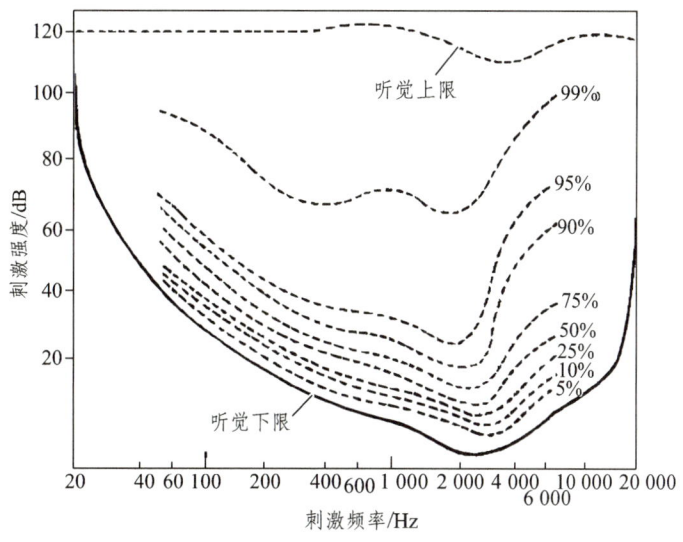

图 2-23-1 响度绝对阈限曲线

五、实验讨论

1. 什么是响度绝对阈限?
2. 根据渐增法和渐减法测得的实验数据,分别作出左、右耳响度绝对阈限曲线图。

实验二十四　双手调节实验

一、实验目的

双手调节实验将动作目标，通过双手（右手完成上下移动轨迹，左手完成左右移动轨迹）按圆的轨迹实现正常移动。根据被试者完成一周所用的时间及错误次数（即离轨次数）观察其在注意分配上的能力。通过测试可了解人同时进行两项工作的能力。通过操作竖针完成沿圆形轨迹的运动，记录离开轨道的次数来判定双手的协调能力、双手分配的好坏，学习改变手眼协调条件的方法，研究动作学习中的双手协调能力。

二、实验仪器

EP711 型双手协调器。采用 EP105 型计时计数器为其计时计数单元。采用双手分别移动的结构，带有光电计数和光电定位部件自成一体，以满足心理实验的需求。该仪器是一种典型技能性仪器，在相关实验以及职业选择等应用中被广泛使用。

（一）技术指标

1. 计时范围：0.000 0 ~ 99 999.999 9 s。
2. 计时精度：10^{-6}。
3. 计数范围：0 ~ 999 次。
4. 电源交流：<（220 ± 22）V。
5. 消耗功率：10 W。
6. 体积：460 mm × 330 mm × 120 mm。
7. 质量：2 kg。

（二）工作原理

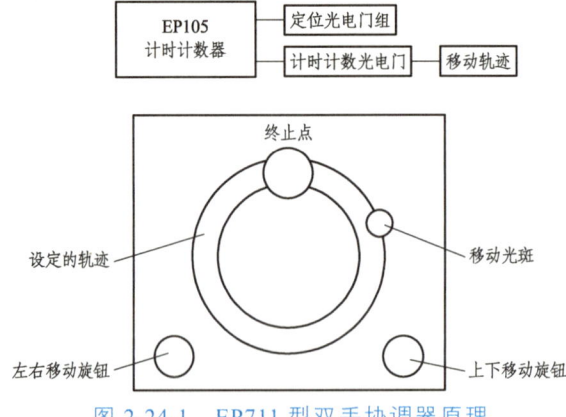

图 2-24-1　EP711 型双手协调器原理

三、实验步骤

1. 将连接电缆线、圆形七芯插头插入计时器输入插座。将矩形十五芯插头插入双手协调器后的十五芯插座。计时器电源线接 AC 220 V 电源。

2. 打开电源电关，移动光斑发出红光。移动旋钮调整光斑到起始点（起始点为终止点的左右两侧，即顺时针移动时，将光斑移至其右端，反之逆时针移动时，将光斑移其左端）。当移动光斑进入轨道开始计时、计数时，完成 1 周。当光斑进入终止点时，计时器发出声音，以示一轮实验结束。

记录被试者完成任务所用的时间，按 N/T 键，再记录离轨次数。按复位键，为下次实验准备。

四、实验结果

实验结果如表 2-24-1 所示。

表 2-24-1 双手调节测试数据

项次		1	2	3	平均值
时间/s	顺时针				
	逆时针				
出错次数	顺时针				
	逆时针				

五、实验讨论

1. 如果有某种工作需要选择双手操作能力强的人，你认为可以用本实验的指标来选择人员吗？应如何检验它的有效性？

实验二十五　动作稳定实验

一、实验目的

运用动作稳定测试仪，学习测定动作准确性的方法。

二、实验仪器

实验仪器为 EP704 动作稳定实验仪（如图 2-25-1 所示），由 EP105 计数计时器、九洞平衡实验仪、凹槽平衡实验仪三部分组成。

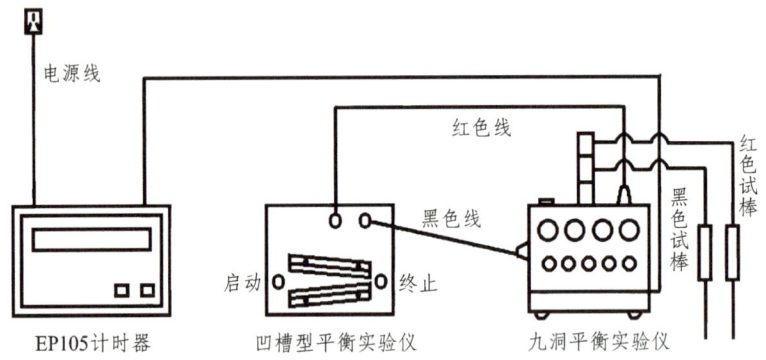

图 2-25-1　EP704 动作稳定实验仪

九洞平衡实验仪、凹槽平衡实验仪均以大孔底部和进入口为启动点，以孔边和凹槽边为计数点，最小孔底部和出口为结束点（故探笔一碰大孔底部和进入口信号进入整形电路 a；探笔一碰孔边和凹槽边信号进入整形电路 b；探笔一碰最小孔底部和走出凹槽口信号进入整形电路 c），经整形信号进入计算机芯片，在编程软件的作用下，开始工作、计数及停止计时计数，再由锁存、驱动数码管显示实验结果。控制按键使结果逐个显示及复位。九洞平衡实验仪的技术参数如下：

① 九孔直径：12，9，6.7，5.3，4.2，3.5，3.1，2.7，2.5（单位：mm）。
② 测验笔尖直径：2 mm。
③ 凹槽宽度范围：2.5～12 mm。
④ 计时范围：0～9 999.99 s。
⑤ 计数范围：0～999 次。

实验基本原理：

任何精细的动作都涉及强度、速度与空间方位三大要素。对于需要用手进行的精细动作，动作的速度与空间方位的判断尤为重要。作为空间方位的准确定位，视觉的反馈联系又起着决定性的作用。

  手臂瞄准运动测验是用来研究随意运动准确性的最简洁的方法。动作稳定测试仪中的九孔瞄准测验就是根据这一思路来测定个体运动的准确判断力。测验时手持测试笔，笔尖通过孔（笔尖不碰孔边为准），以通过孔的最小直径为衡量准确性的指标，通过孔的直径越小，其瞄准的判断力就越高。这种测验不仅可以用来研究受视觉支配的随意运动的准确性，而且可以用来研究左右手瞄准运动判断力的差别，以及瞄准运动能力的发展过程，还可以寻找这种能力和其他心理特点的关系。不少心理学家将身体某部位不由自主地颤动的范围作为控制运动能力的指标。颤动范围越大，控制运动的能力越弱，反之，控制运动的能力越强。一个人处于某种情绪状态时，这种身体不由自主地运动范围亦会比没有该类情绪时有明显的增大。所以，这种颤动范围也可作为情绪强度的心理指标。

三、实验步骤

  1. 使用方法。
  （1）将凹槽平衡实验仪与九洞平衡实验仪用线缆连接起来，将测试棒尾部与九洞平衡实验仪连接。
  （2）将九洞平衡实验仪与计时器用线缆连接，接通电源。
  （3）测试棒碰到大孔底部或凹槽起始端时，计时器开始计时。每碰到孔边或凹槽边一次，计错加一，并发有声音，以示警告。直到测试棒碰到最后一孔的底部或凹槽结束端，计时器停止计时。
  （4）按计时器"复位"键，显示归零。
  2. 实验程序一：瞄准准确性测试。
  （1）按使用方法（1）、（2），做好实验前准备。被试者坐在实验仪器前，手捏测试棒。
  （2）实验指导语："这是一个瞄准运动测验。你面前有一个具有9个大小不一的孔的斜面板，你的任务是用手握的测试棒尖，插进孔里，碰到底部，顺序是从大至小，直至进入最小一个孔并碰到底部。希望你发挥最大的判断能力，在用测试棒插入孔中的过程中尽量不要碰到孔边，同时尽快地通过9个孔。"
  （3）被试者理解指导语后，即可实验。
  （4）实验结束主试者按计时器"T/N"键，记录显示的时间（T）及出错次数（N）（未通过的孔数）。
  （5）被试者先用左手后用右手，按以上程序进行实验。
  3. 实验程序二：运动的稳定性测试。
  （1）按使用方法（1）、（2），做好实验前准备。被试者坐在实验仪器前，手捏测试棒。
  （2）实验指导语："这是一个运动稳定性测验。你面前有一个由宽至窄的凹槽，你的任务是用手握的测试棒尖，由宽处进槽，从宽至窄移动，直至进入最窄一端的结束位。希望你以最稳定的状况，在用测试棒移动过程中尽量不要碰到槽边，同时尽快通过凹槽。"

（3）被试者理解指导语后，即可实验。

（4）实验结束主试者按计时器"T/N"键，记录显示的时间（T）及出错次数（N）（未通过的槽数）。

（5）被试者先用左手后用右手，按以上程序进行实验，各做5次。

（6）将凹槽板旋转180°，让被试者换一种方向（即由自左向右运动，换成由右向左运动），按以上程序进行实验。

四、实验结果

1. 根据实验程序一结果，分别统计被试者左、右手完成任务的时间及通过孔的个数（见表2-25-1）。计算两手瞄准动作误差的相关系数。

表2-25-1　第一项实验数据记录

项目		1	2	3	4	5	6	7	8	9	10	均值
右手	个数											
	时间/s											
左手	个数											
	时间/s											

2. 根据实验程序二结果，分别统计被试者左、右手完成任务的平均时间及通过凹槽边标尺刻度平均数（见表2-25-2）。计算两手的动作稳定性的相关系数。

表2-25-2　第二项实验数据记录表

项目	1	2	3	4	5	6	7	8	9	10	均值
右手/s											
左手/s											

3. 根据实验程序二结果，分别统计被试者自左向右、自右向左时完成任务的平均时间及通过凹槽边标尺刻度平均数。计算两种方向两手的动作稳定性误差的相关系数。

五、实验讨论

1. "奥运会在即，我国体操女队急需提高动作稳定性"这句话中的动作稳定性和本实验测试的动作稳定性含义相同吗？

2. 某位同学第一次在大会上发言，紧张得两腿打颤。请从动作稳定和情绪稳定的联系出发，解释这一现象。

3. 如何通过训练提高动作的协调性？

实验二十六　双臂协调实验

一、实验目的

1. 了解多项职业能力实验系统的使用方法。
2. 应用工效学的基本知识,测量自身双臂协调性技能水平。
3. 绘制并分析双臂协调性技能学习曲线,找出相关因素。

二、实验仪器

EP714双臂调节能力测试仪一台(如图2-26-1所示)、EP105计数计时器一台、轨迹板3块。

图2-26-1　双臂调节能力测试仪

实验原理:

在技能操作的实验或测试中,常采用定时法或定任务法。

定时法是在规定的时间内,记录被试者所完成任务的数量、错误次数及错误时所用的时间。这些心理学仪器都是充分利用了电脑芯片程序设计的灵活性而研制开发出来的。在应用测试中,采用内部设定时,如职业选择测试系统中的敲击速度测试就是将电脑芯片设定为30 s,一旦被试者敲击杆接触到底板即开始计时、次数,30 s后蜂鸣告知,并自动显示设定时间及敲击次数。

定任务法是以完成整个任务为目的,记录被试者用了多少时间、错误次数及错误时所用的时间。与定时法类似,所操作的部件上设有起始点及结束点(某些操作部件是闭环运动的亦可能起始点和结束点是同一点,如双手调节器)。当被试者操作部件探头一旦离开起始点即开始计时、计次。当探头进入结束点即停止计时、计次,并蜂鸣告知,同时显示所用的时间及错误次数。升值可显示评价等级,如职业选择测试系统。

双臂调节器就是采用定任务法，要求被试者以双臂协调操作平行四边形连杆使抬头按规定的轨迹运动，同时记录其完成任务所用时间及错误次数。

三、实验步骤

1. 按使用方法连接基础设备组件。
2. 将十五芯线缆另一端接双臂调节能力实验尾部插座，打开计时器电源开关，显示"0000.00"。
3. 按计时器前面板数码键"RET"，系统重置回初始状态。按"N/T"键可调节显示时间"0000.00"。
4. 操作前先合理安排行走轨迹，且对于同一块轨迹板，按相同的轨迹操作。操作双臂走在轨迹上，如果偏离轨迹一次，就算出错一次。要求操作双臂尽可能迅速而正确地走完整个轨迹的一周。
5. 先将双臂操作的中心探头放在起始端，站在能舒服操作双臂的位置。可先进行多次练习，再开始实验。
6. 当被试者操作双臂使探头接触起始端（近身处螺母）开始计时（或记录出错次数），实验开始。被试者按照既定的轨迹走完整个轨迹板，接触终止端（远身处螺母），一组实验结束。
7. 按计时计数器"N/T"键，可调节显示操作时间和出错次数，记录实验结果。
8. 如需重复操作，按"复位"键，显示"0000.00"，即可重复步骤6、7。
9. 每块轨迹板重复以上操作5遍后，可更换操作板继续实验。
10. 走完整个图案所需要的时间越短和所犯的错误越少，则说明两手动作协调得越好。

注意：被试者操作过程中，必须使描针在图案板中移动，不能抬空，也不能过分用力下压。

四、实验结果

1. 记录实验数据（指导老师签名），如表2-26-1所示。

表2-26-1 双臂协调测试数据

轨迹板号	操作次数	T/s	N
1	1		
	2		
	3		
	4		
	5		

续表

轨迹板号	操作次数	T/s	N
2	1		
	2		
	3		
	4		
	5		
3	1		
	2		
	3		
	4		
	5		

2. 整理实验数据，作学习曲线图（同一个坐标系内绘制次数‑时间曲线和次数‑出错曲线），分析与该技能相关的因素，自我评价。

五、实验讨论

1. 根据练习曲线与同组人比较，分析双臂调节技能的影响因素有哪些？
2. 论述双臂协调技能形成的进程及趋势。

实验二十七　动觉方位辨别实验

一、实验目的

测定左右前臂在左右空间上位移的动觉感受性，了解练习次数的多少对动觉感受性提高程度的影响。

二、实验仪器

EP207 型动觉方位辨别仪。

三、实验步骤

1. 让被试者戴上遮眼罩，主试者根据实验要求将某个度数上的制止器从下方托起来。

2. 要求被试者的胳臂平放在鞍座与支架上，并用手指夹紧支架上手指夹杆（可依手臂长度调节此杆位置），从半圆仪的 0°处摆动其胳臂直到碰到制止器。这一摆动的幅度为标准幅度。

3. 主试者移去制止器，并将被试者前臂复归到 0°处。要求被试者复制出他刚才摆动的幅度。记录实际幅度与标准幅度的偏差值，其偏差值就是被试者手臂的动觉方位能力。

4. 如用右臂必须按顺时针方向摆动，如用左臂则按逆时针方向摆动。

5. 实验一般要求左右臂各做 3 次，标准幅度由主试者在 0～180°范围内任选。

6. 如果要检验通过练习动觉感受性是否提高，应按上述程序重做几次并将结果进行比较。

四、实验结果

实验结果如表 2-27-1 所示。

表 2-27-1 动觉方位辨别测试数据

左臂				
角度/(°)	复制角度 1	复制角度 2	复制角度 3	平均值
30				
45				
60				
摆动最大角度				

右臂				
角度/(°)	复制角度 1	复制角度 2	复制角度 3	平均值
30				
45				
60				
摆动最大角度				

五、实验讨论

1. 汽车司机倒车水平高，是不是动觉感受性强的表现？
2. 在实践中，有哪些工作需要很好的动觉方位辨别能力？

应用案例篇

案例一　安全人机工程在控制室设计中的应用

控制室是工业生产和自动化过程中的核心部分,其设计的优劣直接影响工作是否安全和工作效率高低。安全人机工程在控制室设计中起着至关重要的作用,通过以人为中心的设计方法和人机因素考虑,为控制室的设计提供了理论和方法支持。通过布局设计、人机界面、操纵台、室内环境等设计,可以提升控制室的安全性和工作效率,保障工作人员的健康和生命安全。

一、布局设计

控制室空间设计,参考 GB/T 13547—1992《工作空间人体尺寸》、GB/T 22188.1—2008《控制中心的人类工效学设计 第 1 部分:控制中心的设计原则》、GB/T 22188.2—2010《控制中心的人类工效学设计 第 2 部分:控制套室的布局原则》、GB/T 22188.3—2010《控制中心的人类工效学设计 第 3 部分:控制室的布局》、GB/T 22188.4—2023《控制中心的人类工效学设计 第 4 部分:工作站的布局和尺寸》等。设计需要综合人体测量学、运动学、解剖学、人类学、心理学、生理学等相关理论和方法。

控制室的大小取决于控制装置和信息量的大小。信息是通过各种类型的信息仪器获得,信息量则取决于信息仪器的大小。其中仪器有照明的、书写的、显示的和声学的测量仪表和信号仪器。仪器大小取决于仪表工业的科学技术水平,并且还受到显示读数的最佳识别程度的限制。

仪表板墙面呈半圆形,使控制室操作者在操作台旁的位置至全部仪表板的距离大致相等,且对仪表的能见度无视差。半圆的中点和操纵台后面的距离要求正好使操作者不受反射回声的干扰,具体的控制室设计如图 3-1-1 所示,控制室布置如图 3-1-2 所示。

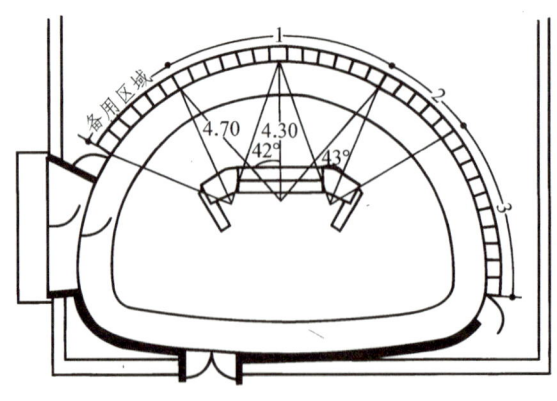

图 3-1-1　控制室设计

图 3-1-2　控制室布置

二、人机界面

人机界面设计主要是指显示、控制，以及它们之间的关系的设计。人机界面设计是安全人机工程的一个关键要素，控制室的界面设计必须简洁明了，易于操作，易于理解，使用的各个界面应该保持一致性，这样操作员就能更容易理解和操作不同系统和设备。一致性的界面设计可以减少人为错误，并提高操作员的工作效率，其位置和显示的数据应考虑操作员的配备、责任和功能的分配。

同时，应考虑系统的安全性和效率，参考 GB/T 14775—1993《操纵器一般人类工效学要求》，采用符合要求的操控杆、手柄、按钮、旋钮等操作设备，根据系统逻辑进行排列布置。参考 GB/T 10000—2023《中国成年人人体尺寸》，设计操作员采用坐姿、立姿等。若采用坐姿脚动的控制器，其配置必须考虑脚的最佳活动空间，而采用手动控制器，则必须考虑手的最佳活动空间。后者主要是指显示器的配置如何与控制器相匹配，使人在操作时观察方便、判断迅速、准确。

为使用户能够轻松、高效地完成操作和任务，应将使用频次最高、最重要的设备布置在靠近操作者的位置，使用频次低、重要性低的则依次向边缘布置。图标和符号应该使用直观和易理解的方式表示，颜色应该具有有效的对比度和色彩搭配。此外，还可以采用多屏幕显示、图形化等方式，以提高界面的清晰度和直观性。

三、操纵台

常用操纵台有坐姿低台式操纵台、坐姿高台式操纵台、坐立姿两用操纵台、立姿操纵。

以坐姿低台式操纵台为例，当操作者坐着监视其前方固定的或移动的目标对象，而又必须根据对象物的变化观察显示器和操作控制器时，则满足此功能要求的控制台应参照如图 3-1-3 所示的坐姿低台式操纵台进行设计，控制设备显示区域不高于视线。

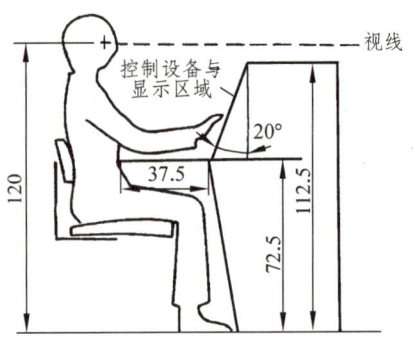

图 3-1-3　坐姿低台式操纵台设计

首先操纵台的高度应降到坐姿人体视水平线以下，以保证操作者的视线能达到操纵台前方；其次应把所需的显示器、控制器设置在斜度为 20°的面板上；再根据这两个要点确定控制台其他尺寸，如图 3-1-4 所示。

图 3-1-4　坐姿低台式操纵台布置（控制设备显示区域不高于视线）

四、室内环境

在控制室设计中还需要考虑室内环境因素，如照明、温度、色彩以及空气质量等。它们在一定程度上也会影响到操作员的工作效率，对操作员产生影响。

在控制室的照明设计中，要尽量运用自然采光，保证光线充足、均匀，采用人工照明时，参考 GB/T 13379—2023《视觉工效学原则　室内工作场所照明》，照明设备和强度选择原则是：使光线照在所有仪表上都无阴影；在仪表玻璃上不出现反光现象，并容易读出所示数字；同时，发光信号的能见度良好，应避免反射和眩光，以提供良好的视觉环境。天花板高度的设计要求是：应使控制室的照明达到均匀的程度，并能避免干扰的照射和刺目的光线。

操纵台和仪表板的色彩在考虑色彩心理学知识的情况下，其适应程度能使操作者在工作效率上不受妨害。此外，在色彩和材料的选择上必须符合技术和经济上的基本要求。

此外，控制室的天花板和墙体的材料要合理地选择符合标准的板材，在考虑到惯常的生产噪声以及其他人为噪声的情况下，必须符合声学要求。对于有听力障碍的工作人员或噪声环境的控制室，可以使用振动提醒或视觉警报等无声提示来增加工作人员的感知。

案例二 安全人机工程在办公室设计中的应用

安全人机工程同样可以应用于办公室设计中,为员工提供舒适和高效的工作环境,以提高员工的工作效率、减少工伤和提升工作满意度。下面列出安全人机工程在办公室设计中的若干方面。

一、空间布局

合理规划和设计办公室的布局,应参考 GB/T 10000—2023《中国成年人人体尺寸》、GB/T 13547—1992《工作空间人体尺寸》,还应以空间利用最大化和便捷性为目标,提供足够的工作区域和通道空间。通道应该足够宽敞,并确保安全通行。同时,避免布置障碍物和杂物,以减少跌倒和碰撞的风险。

一般规模的办公空间需要满足的功能要求包括前台或文员工作区、经理室、会计出纳室、会议室、文印室、休息室和卫生间等。大型办公空间的功能则更加复杂,如专门的接待室、资料室、展示室、健身室等。

为了适应办公空间中的不同功能要求,办公空间的分区需要符合不同人的使用功能,同时也要保证出入口和通道的正常流通。根据 GB 50016—2014《建筑设计防火规范》,面积大于 60 平方米的会议室等人员聚集场所,需要设置两个出入口。由此可见,设计需要根据不同的功能要求,合理划分空间。

前台是可以在公司大门的入口处单独设立的接待台,以保证对外来人员的引导和公司的安全。一般来讲,前台是公司的门面,在设计上最好能体现出公司的品位和特色。

工作区是公司中最繁忙的中心区域,包括全开敞式、半开敞式和封闭式三种类型。全开敞式办公可以创造一种比较现代、轻松的工作环境,员工之间可以无障碍交流,老板也可以有效监控员工的工作状态,但全开敞式办公的干扰性和私密性较差。半开敞式的办公空间是指利用隔断对开敞的空间进行重新分隔,每位员工都有属于自己的空间,交流方便且干扰较少,是目前最受欢迎的一种办公类型,半开敞式的办公空间如图 3-2-1 所示。隔断可以设计成三种高度:120 cm 以下的低隔断可保有坐姿时的私密性,站立时仍可自隔断顶部看出去;150 cm 的隔断可提供更高的视觉私密性,如果你高的话,站起来仍可从上方看出去;第三种隔断约 200 cm 以上,提供了最高的私密性,但会产生压迫感。封闭式办公环境中的每个功能区都被明确界定,私密性较好而交流性较差,不适合团队合作性的工作。

图 3-2-1　半开敞式的办公空间

二、办公家具

座椅、工作台和文件柜是办公室最常用的设备，因此安全人机工程应在其设计上加以考虑。座椅应具有合适的高度、宽度和深度，以适应不同人员的身体尺寸。此外，可调节的座椅和扶手，以及双曲面的腰靠或头靠，可以更好地支持员工的腰部、颈部和背部，并减少身体疲劳。工作台应有合适的高度，以保证员工的手臂和肩膀不会过度疲劳。文件柜里放有很多常用的文件，是工作人员们经常会用到的，应该放在便于查阅的地方。另外，在办公室里，文件柜是一个大型的物品，要靠墙、靠角放置，而且旁边要留有查阅空间。

三、室内环境

办公室的照明环境对工作质量和效率有着极大影响，因为合适的照明可以减少员工的眼睛疲劳和反射，并提高他们的工作效率和工作满意度。建议采用自然光线和调节亮度的照明，以模拟日间的自然光照条件。允许员工调节照明亮度和色温，以逐渐调整他们的生物节律。在实际设计时，可以参考 GB/T 13379—2023《视觉工效学原则　室内工作场所照明》。

办公室设计也应考虑空气质量控制，办公室通常存在气体污染和室内空气流通不足的问题。要采取措施来降低气体污染和提高室内空气质量，以保持员工的健康和舒适度。这些措施可以包括选择绿色科技设备、使用高效空气过滤器、增加室内通风、加强清洁和维护等。

还应考虑噪声控制，噪声对员工的健康和工作效率有负面影响。因此，要采取措施来降低噪声水平，例如选择低噪声的设备和机械，采用隔音材料，合理规划工作空间布局，以减少噪声传播。

通过空间布局、办公家具、室内环境等方面的设计，可以提高办公室的工作效率和员工的生产率，并创造一个更安全、更健康的工作环境。

案例三 安全人机工程在手持工具设计中的应用

在手持工具设计中，安全人机工程的应用非常重要，目前我们使用的大部分工具的安全性、高效性仍有待进一步提高，特别是设计不合理的手持工具，会导致多种上肢职业病甚至全身伤害，比如腱鞘炎、腕管综合征等重复性积累性损伤病征。设计手持工具可参考 GB 24459—2009《铍铜合金防爆工具》、GB/T 32800.1—2023《手持式非电类动力工具 安全要求 第 1 部分：非螺纹结构紧固件用装配动力工具》等系列标准、GB3883.1—2014《手持式、可移式电动工具和园林 工具的安全 第 1 部分：通用要求》等系列标准。

一、一般设计原则

设计首先必须能实现预定的功能，并与操作者的身体成适当比例，从而在工作过程中发挥最大效率。一般设计原则如下：

必须有效地实现预定的功能；

必须与操作者身体成适当比例，使操作者发挥最大效率；

必须按照作业者的力度和作业能力设计，所以要适当地考虑到性别、训练程度和身体素质上的差异；

工具要求的作业姿势不能引起过度疲劳。

二、解剖学因素

（一）避免静肌负荷

使用工具时，臂部上举或长时间抓握会使肩、臂及手部肌肉承受静负荷，导致疲劳，降低作业效率。如图 3-3-1 所示，传统的烙铁把手是直杆式，在工作台上操作时，如果被焊物体平放于台面，则手臂必须抬起才能施焊。针对这一缺点，可以将烙铁把手改进为弯把式，如图 3-3-2 所示，减少操作时长时间抬臂造成的静肌负荷。

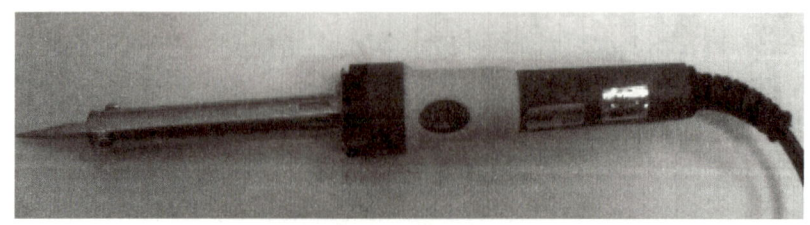

图 3-3-1 传统烙铁把手

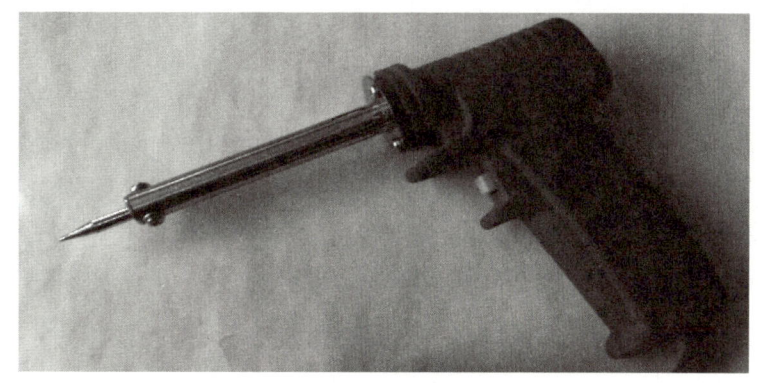

图 3-3-2　改进烙铁把手

(二) 保持手腕操作时的顺直状态

手腕顺直操作时，腕关节处于放松状态；而当手腕处于掌屈、背屈、尺偏等别扭的状态时，就会产生腕部酸痛、握力减小等，如果长时间这样操作，会引起腕道综合征、腱鞘炎等。将如图 3-3-3 和图 3-3-4 所示的钢丝钳的改进设计比较，传统设计会造成掌侧偏，而改进设计则可以使手腕维持顺直状态。

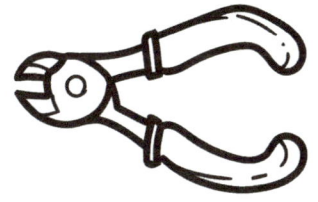　　　　　　　　　　

图 3-3-3　传统钢丝钳　　　　　　　　　图 3-3-4　改进钢丝钳

研究发现，使用改进的钢丝钳后，患腱鞘炎的人数在 10~12 周内没有明显增加，而使用传统钢丝钳的患者则显著增加。

(三) 减少手部组织的压力

操作工具时，手压力较大的情况下，手掌特别是压力敏感区域，会因血液循环受到影响而造成局部缺血，对手掌造成伤害。好的手工具设计应该有较大的接触面，使压力能够分布在较大的手掌面积上，减少局部受压，即通过增大抓握截面的方法来减少手部组织压力。还有一个有效地避免掌部组织压力的方法就是将压力作用于手部相对不敏感的区域。

(四) 避免手指重复动作

反复使用食指操作类似扳机的控制器，会导致指屈肌腱狭窄性腱鞘炎，即所谓的"扳机指"疾病的出现。"扳机指"症状在使用气动工具或触发式电动工具时常会出现，设计时应尽量避免食指做这类动作，而以拇指或指压板控制代替。

（五）考虑不同性别、左手优势者等人群的需要

据统计，在所有手工具使用的人群中，女性占大约 50%。女性在手的大小和力量方面均与男性有一定差异，女性手指平均长度比男性大约短 2 cm，而抓握力大约是男性的 2/3。设计时应顾及女性的需要，考虑工具的尺寸、操作力与女性身体条件相适应，甚至还要考虑在造型等方面符合女性的审美特点。左手使用者的比例为 8%～10%，考虑左手优势者的使用习惯特点，是关心所有群体的需要，是社会发展、文明进步的需要。

三、把手设计

操作手持工具，把手是最重要的部分，所以有必要单独讨论其设计问题。对于单把手工具，其操作方式是掌面与手指周向抓握，其设计因素包括把手直径、长度、形状、弯角等，参考 GB/T 10000—2023《中国成年人人体尺寸》。

1. 直 径

把手直径大小取决于工具的用途与手的尺寸。对于螺丝起子，直径大可以增大扭矩，但直径太大会减小握力，降低灵活性与作业速度，并使指端骨弯曲增大，长时间操作，则导致指端疲劳。

2. 长 度

把手长度主要取决于手掌宽度。掌宽一般在 81～96 mm（5%女性至 95%男性数据），因此合适的把手长度为 100～130 mm。

3. 形 状

形状指把手的截面形状。对于着力抓握，把手与手掌的接触面积越大，则压应力越小，因此圆形截面把手较好。哪一种形状最合适，一般应根据作业性质考虑。为了防止与手掌之间的相对滑动，可以采用三角形或矩形，这样也可以增加工具放置时的稳定性。对于螺丝起子，采用丁字形把手，可以使扭矩增大 50%，其最佳直径为 25 mm，斜丁字形的最佳夹角为 60°。

4. 角 度

弯角把手弯曲的最佳角度为 10°左右。

5. 握 力

双把手工具的主要设计因素是抓握空间。握力和对手指屈腱的压力随抓握物体的尺寸和形状而不同。当抓握空间宽度为 45～80 mm 时，抓力最大；其中若两把手平行时为 45～50 mm；而当把手向内弯时，为 75～80 mm。对不同的群体而言，握力大小差异很大。为适应不同的使用者，最大握力应限制在 100 N 左右。

手持工具的设计应确保用户在使用手持工具时的安全性、舒适度和高效性，使用户能够安全舒适地握持和使用工具，在可能造成伤害的部位应加入适当的防护措施。例如，在旋转刀片工具上可以设计刀片保护罩，在电动工具上可以设置电源断开装置等。同时也应当考虑防尘、防水和耐腐蚀设计等方面因素。

案例四　安全人机工程在检验工作岗位设计中的应用

安全人机工程在作业岗位设计中也有着重要的应用,以检验工作岗位为例:在工业生产中,涉及到控制产品质量水平的作业称之为检验。

检验的方法有直观目视扫描、人工测量和自动测量。对于多品种、小批量产品的检验,一般采用目视扫描检验。产品通常在传送带上移动或自动送至检验作业岗位,而工艺过程控制是在时间限制的压力下检验产品。显然,检验作业的效能与产品质量控制水平密切相关。为了确保检验人员进行工作时的安全、有效和舒适,保证检验效能,参考 GB/T 10000—2023《中国成年人人体尺寸》、GB/T 14776—1993《人类工效学 工作岗位尺寸 设计原则及其数值》,可以考虑以下原则的应用。

一、检验作业岗位设计原则

1. 视　角

使检验人员尽可能采用向下的观视角,而不用向前的和向上的观视角。

2. 方　向

让被检产品向检查人员方向移动而不是离开检查人员方向移动,如图 3-4-1 所示。如果产品从右向左或从左向右横过检查人员的视野,不会出现很大差别。对每分钟移动 18 m 的产品至少应有 30 cm 观视范围,并排除观视范围内的所有障碍物。

图 3-4-1　检验移动产品的观察方向

3. 高　度

工作面高度应由人体肘部高度确定。工作面的高度在肘下 25～76 mm 是合适的。

4. 工作台

检验工作岗位的工作台应符合人体工程学设计原则，高度和角度应该可以调节，以适应不同检验人员的身高和姿势。工作台表面宽敞平坦，以便容纳检验工具和工件。

5. 工作椅

坐姿作业比站姿作业要好，因为心脏负担的静压力有所降低，而且坐姿时肌肉可承受部分体重负担。如选择坐姿作业，座椅应符合设计原则，以提供舒适的坐姿姿态。座位高度和角度应可调节，并且具有足够的支撑和可调节的扶手，以提供稳定性和支持。座椅表面应有足够的靠背和坐垫，以提供舒适的支撑面积和减轻压力。选用可调座椅时，可能会造成检验人员脚不着地的情况，此时必须使用脚踏板支持下肢的重量。

6. 周　期

无论坐姿或站姿作业，都应给检查人员用辅助活动来中断检查周期的机会，以便调节视力和体力，减轻作业疲劳。通常一次连续监测周期不超过 30 min。

二、立姿检验作业岗位设计

（一）纸张取样检验作业基本要求

在纸张生产系统中，纸幅以 0.6 m/min 的速度运行，检验员在纸机尾端仔细检查宽度 90 cm 的整个纸幅。当纸幅速度暂时降到 0.15 m/min 时，即从纸幅上取样。检验员用小刀切取长 50 cm 纸样，然后将两端拼接起来，以保证纸幅继续运行。要求每隔 15 min 即切取纸样一张，取样时间约需 3～4 s。取样工作须在平台面上进行，工作台置于靠近纸机尾端，使纸幅自左至右通过检验员的视野，纸幅从纸机出来时，方向可以改变；能升高至地上 190 cm 处，然后降至 90 cm 的卷取高度，在任何角度都能适于目测和取样抽查。

（二）立姿检验员岗位设计特点

为保证检验效能和减轻检验员的疲劳，该岗位设计有以下特点：

在此项设计中，纸幅速度为 0.3 m/min，应有观察距离 30 cm 或使总观察区为 60 cm。

眼高尺寸要求，在检验点的纸幅不应高于地面 145 cm。应使身高较矮的检验员，在检验工作中也能向下观察。但最好保证检验员的向下视角不小于 45°。

在质量控制工作中，工作面须高出地面 91 cm。为此，检验员能用足够的力量切取纸样，纸幅宽度为 90 cm，以便检验员能弯腰突臀够到纸幅的另一边。切取纸样和拼接纸幅的工作面高度在 91 cm 处，这是一个适宜的高度。

如图 3-4-2（a）所示，纸幅从高 90 cm 的纸机中出来，直接引向高 120 cm 的检验岗位，当纸幅以 0.6 m/min 速度运行至检验员身边时，取长度至少为 50 cm 的纸幅样品后，即将其领回至高 91 cm 的检验台和拼接台。工作台面长度至少 60 cm，不同的台高是为了检验员能方便地完成不同的检验工序。

假定检验员能站在离纸幅约 50 cm 处，用几何法或三角函数来分析目测工作的要求。

以图 3-4-2（b）中对视角计算法予以说明。假设在设计中对边为 o，邻边为 a，直角三角形斜边为 h，则可从三角形的各边之间的三角函数关系来计算视角。

为寻求目测工作的最佳设计方案，可规定检验员俯视角 45°。如图 3-4-2（b）所示，作为三角形对边与邻边之间的最大比值，tan45°等于 1。

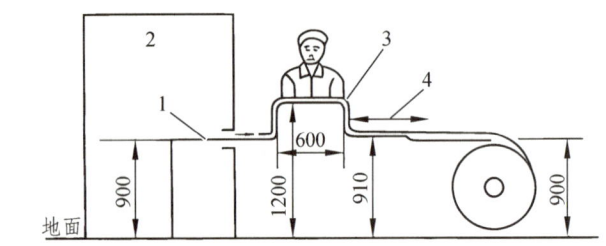

1—纸幅；2—纸机；3—检验岗位；4—取样及拼接台表面最小长度。

（a）

（b）

图 3-4-2 立姿检验作业岗位

三、坐姿检验作业岗位设计

（一）瓶子包装检验作业岗位的原设计

在检验瓶子和包装瓶子的工作中，检验员可站在或坐在工作台旁。瓶子沿着运输带从右边送入，从左边送出，以 6 个/min 的速度经过检验员。要求检验员从中取出产品进行检验，剔除不合格产品，将其余的放入包装箱中。在如图 3-4-3 所示的原设计方案中，工作台高 85 cm、宽 30 cm、台面厚 5 cm，在其下方留有 80 cm 立腿空隙，腿部前伸方向空隙为 35 cm。椅子可调至地面高 63 cm。一般检验者能向前取到瓶子的距离是 51 cm。工作台与输送带的间距为 15 cm，输送带固定于输送机上，离地高 100 cm，输送带嵌于一个高为 5 cm 的护轨中，以保证瓶子排列整齐成行，并不致从输送带中掉出。对原设计方案进行调查分析，对于坐姿和立姿两用的工作岗位，多数检验员喜欢采取坐姿，因坐姿比立姿工作舒适得多。当然，有时还得站起来拿取瓶子或搬移装满合格品的箱子。但对这样的检验岗位，却有许多检验员抱怨肩臂酸痛。从人体劳动生物力学分析可知，手臂和肩膀出现酸痛，认为是肌肉组织产生静负载。此种静负载主要是和检验员需过度抬臂并臂伸在 18 cm 以上，从输送带上取出每个瓶子有关。

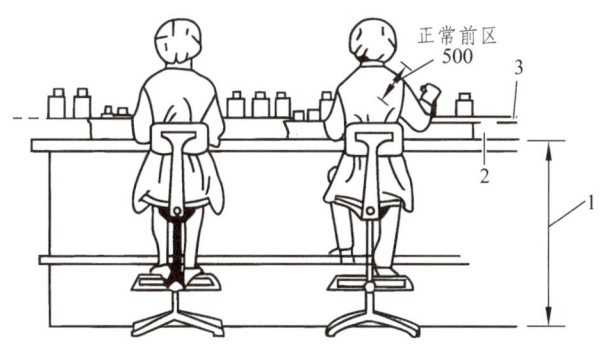

1—工作台高；2—输送轨道宽；3—护轨宽。

图 3-4-3　坐姿检验作业岗位

（二）瓶子包装检验工作岗位改进设计

通过对原设计方案的参数和存在问题的分析，认为改进检验及包装瓶子的作业岗位设计从而减轻全日工作人员的肩臂酸痛则成为改进设计的主要目的。为此目的，按照坐姿和立姿工作岗位的设计原则，来寻求改进设计的思路。首先发现在原方案中没有脚踏板，坐姿的作业岗位台面高度在 85 cm 时，对检验员太高；而对于坐、立姿工作岗位，则嫌太低；同时由于检验员在作业岗位容腿及伸腿的空隙受到限制。为减轻检验员在工作过程中肩臂肌肉静负荷，可采取两种基本方法之一，即升高检验员或降低输送带。

因为输送带不能降低，便把检验员工作面升高，然而工作面又不能简单地采用提高座椅高度的方法来实现。显然，改进设计比新设计要受到更多的限制。由于原设计方案的限制，只能采取较为特殊的改进设计方案，其要点如下：

设置一木制平台，置于输送机的任一边，以将工作面升高到 100 cm 处。由于检验作业岗位也可能要处理一些应急事件，故设置的木制平台不宜过小，并须备有低的护轨，以防人们不小心从边缘滑下。这一改进措施可解决检验员过度抬臂而产生静负荷。

在椅子或工作凳前设置一踏脚板，以减轻腿部悬空的不适，从而减轻全身疲劳。

如检验员工作台有足够的空间，可将在检验员正前方的工作台部位剖成半圆开口，使检验员更接近伸展部位，以减少手臂向前伸展所引起的肩臂负荷。此外，这一开口的另一优点是：当检验员将座椅推向工作台时，其身后的通道空间加大，有利于进行相关的辅助工作。

通过综合应用安全人机工程学的原则对原设计方案的改进，解决了原方案存在的关键问题，使检验员在工作时感到舒适并不易疲劳。最后需要说明的是，由于作业岗位设计的对象千变万化，不同的设计对象，所涉及的影响因素差异很大，在涉及到具体的设计对象时，还需要进行具体问题具体分析，运用好安全人机工程学的原则，以提高作业岗位工作人员的工作效率和舒适性，帮助企业建立高效、安全、可持续的工作环境，并最大限度地降低潜在的安全风险。

案例五  安全人机工程在道路交通运输中的应用

安全人机工程在道路交通运输中有广泛的应用，人、车、路相互影响，只有三者之间达到了一种和谐的状态，才能实现以人为本、安全、环保和与自然和谐的理念，提高驾驶员的安全性、舒适度和效率，并减少交通事故的发生。

一、道路交通组织设计

参考 GB/T 36670—2018《城市道路交通组织设计规范》，通过对道路交通组织设计，可以增加道路的美观和标志视认性，起到引导驾驶员视线、保证安全以及可观赏性的作用。

（一）绿化设计

人们处于不同颜色环境中，除了视觉辨别力受到影响、视野发生变化外，人的心理感觉也会有所变化，绿色给人的心理作用为爽快、遥远、安静、柔和、希望和安详等感觉，因此道路的绿化既能美化环境，又对保持生态平衡有着重要的意义和作用。对道路交通而言，道路绿化既能稳固路基、美化路容、诱导视线、增加乘客的舒适感和安全感，使人的情绪能达到一种平静的状态，还可以减轻人的视觉疲劳。公路两侧种植行道树是公路绿化的常见方式。但要注意以下问题：在道路的路肩上不得植树，在交叉口范围内和弯道内侧种树，必须符合不妨碍行车视距的要求等。具体可参考 CJJ/T 75—2023《城市道路绿化设计标准》。

（二）道路标志和标识系统

随着城市的快速发展和车辆数量的增加，道路上行人和车辆的交互变得日益复杂。因此，这些公路标志必须是简单易懂的、直观的和可靠的，以确保行车者能够准确地阅读和理解交通规则、通知和警告。安全人机工程学可以帮助设计标识和信息系统，让人们更容易理解和遵守道路安全规则。在城市交通环境中，良好的标记、标识、颜色可帮助行人和车辆更佳地理解交通规则，从而使道路更安全地运行。

1. 页面布局设计

参考 GB 2894—2008《安全标志及其使用导则》、GB 5768《道路交通标志和标线》第 1 部分～第 8 部分国家标准，将标志的排列、排序和分组与内容分类等相结合，使用选择性符号和图表，并将其与口号、词组或简短文字搭配以实现清晰和有效的传达。设计的语言要简洁，内容要明确，以确保人们可以尽快理解信息，可以在没有干扰的

情况下快速查找所需信息。此外，信息不仅应该是有序的，而且应该足够大以吸引注意力，并保持一致性。

2. 色彩背景设计

在道路交通中，合理选择不同环境颜色会使道路更加符合人的心理特性，例如应在事故多发路段采取安全标志和技术标志的色彩应用。参考 GB 2893—2008《安全色》，安全色中规定了传递安全信息的颜色，目的是使人们能够迅速发现或辨识安全标志和提醒人们注意，以防事故发生。该标准中规定红色、黄色、蓝色和绿色四种颜色为安全色，其含义和对比色见表 3-5-1，安全色在交通道路标志牌中的应用如图 3-5-1 所示。

表 3-5-1　四种安全色的含义和对比色

颜色	红色	黄色	蓝色	绿色
含义	禁止/停止	注意/警告	指令	安全提示
对比色	白色	黑色	白色	白色

图 3-5-1　安全色在交通道路标志牌中的应用

（三）照明与信号灯

自然光是人工光源所不能比拟的，任何照明设计都应该最大限度地利用自然光。但是，自然光受昼夜、季节和不同条件的限制，我们不得不另外补充道路照明。我们在选择光源时一般选择最接近自然光的荧光灯，并采用多管装置，消除光流波动。在多雾如英国伦敦、中国重庆等地，可以采用有色光的黄光灯，因为黄色光的波长较长，透雾能力较强，但照明一般不选有色光源，因为有色光源会使视力降低。

信号灯的设计可参考 GB/T 14778—2008《安全色光通用规则》及 GB 14886—2016《道路交通信号灯设置与安装规范》，还可设计智能交通信号灯，通过实时监测交通流量和拥堵情况，调整交通信号灯的时序和配时策略，优化交通流畅度和减少交通拥堵，提高道路交通的效率和安全性。

二、道路交通工具设计

理论上，没有绝对的安全，也就是说道路交通中的安全事故是不可避免的，但安全人机工程学可以对机动车的设计和改进提供很多帮助，能尽量减少事故发生的频率和减轻安全事故的严重性。参考 GB 7258—2017《机动车运行安全技术条件》、GB/T 14775—1993《操纵器一般人类工效学要求》等，有些机动车的设计可以让驾驶者更加舒适地驾驶，减少驾驶的疲劳感。设计提高汽车的智能化，可以减少道路交通事故的频率。

（一）人机界面

人机界面是指人与机动车、装置、系统之间的界面，它是相当重要的。从控制台、用户界面、车内环境等方面考虑到了驾乘者的需求，使其能够更加顺畅地与交通工具交互。如果界面不符合用户的期望，就难以实现有效的人机交互。因此，人机界面的设计需要最大限度地提高用户的效率和满意度。例如，车辆的仪表盘、触摸屏或语音控制等设计应符合原则，驾驶座椅、方向盘和踏板等控制装置的设计，应提高驾驶员的驾驶舒适性和操作便利性。此外，导航系统和自动控制功能等的设计也需要注意。理想的机动车人机界面设计应该能够使驾驶员方便地获取和理解车辆状态、导航信息等，使驾驶者更加轻松、安全地驾驶，并避免分心驾驶。

（二）智能驾驶辅助系统

智能驾驶辅助系统主要是为了提高驾驶系统的安全性能。现有的驾驶系统的安全性主要取决于驾驶员的工作状态，而疲劳是影响驾驶员工作状态的主要因素。采用人机协同智能驾驶辅助系统可弥补人的能力局限性。人根据直觉对路况、车况及自身状况进行估计，判断目前状态是否需要使用智能辅助系统驾驶方式。如果有需要则由智能驾驶辅助系统提供车道保持、自适应巡航控制、盲点监测等功能，帮助驾驶员减轻疲劳、提高驾驶安全性。

智能驾驶辅助系统可以通过现有的测距技术、图像辨识技术、卫星遥感技术、卫星定位系统、交通网络等信息获取技术，获得道路的路况静态和动态信息；通过汽车上的轮胎压力检测、油箱液面检测、发动机工况检测等技术，获得汽车的工况信息；利用安装在驾驶员身上的肌电探头、心电探头等生物传感器，以及车载摄像头视频监控等技术，对驾驶员的注意力分散、疲劳、情绪、使用手机等生理状况进行监控，并及时提供反馈，如声音、震动或显示警示驾驶员可能存在的安全隐患，以提醒驾驶员注意安全，采取相应的行动；同时驾驶员将自己观测到的道路宏观信息、路程目的地以及一些突发信息一同输入计算机，进行信息融合，获取最优的结果。

此外，还可以通过研究驾驶员的认知特征和感知能力，设计预先紧急制动体系，如自动紧急制动系统（AEBS），也就是 ABS 和 AEB 的结合。设计参考 GB/T 38186—2019《商用车辆自动紧急制动系统（AEBS）性能要求及试验方法》及 GB/T 39901—2021《乘用车自动紧急制动系统（AEBS）性能要求及试验方法》。AEB 利用"鹰眼"

和"猫眼"对车辆前后方的障碍物进行探测,经过车载电脑 ECU 一系列的内部程序运算,先进行报警,在交通工具的驾驶者没有进行主动刹车的情况下将刹车信号传递给 ABS 控制系统,进行自动刹车,即不用人力而用机械装置直接操作刹车,以避免碰撞或减少碰撞的严重程度,提高道路交通的安全性。AEBS 如图 3-5-2 所示。

图 3-5-2　预先紧急制动体系 AEBS

总地来说,安全人机工程在道路交通运输中的应用非常广泛,这些应用的综合使用和不断发展和创新,可以为驾驶员提供更好的驾驶体验,为交通管理部门提供更好的工具和支持,减少交通事故的发生,有助于改善道路交通的安全性,并促进道路交通运输行业的可持续发展。

参考文献

[1] 白恩远. 安全人机工程学[M]. 北京：兵器工业出版社，1996.

[2] 吕杰锋，陈建新，徐进波. 人机工程学[M]. 北京：清华大学出版社，2009.

[3] 姚建，田冬梅. 安全人机工程学[M]. 北京：煤炭工业出版社，2012.

[4] 撒占友，程卫民. 安全人机工程[M]. 徐州：中国矿业大学出版社，2012.

[5] 赵柱文，吴晓敏. 安全人机工程[M]. 重庆：重庆大学出版社，2014.

[6] 刘景良. 安全人机工程（第二版）[M]. 北京：化学工业出版社，2018.

[7] 颜声远. 人机工程学[M]. 北京：科学出版社，2019.

[8] 孙贵磊，胡广霞. 安全人机工程学[M]. 北京：机械工业出版社，2023.

[9] 董陇军. 安全人机工程学[M]. 北京：机械工业出版社，2023.